FORSCHUNGSBERICHTE DES LANDES NORDRHEIN-WESTFALEN

Nr. 1944

Herausgegeben im Auftrage des Ministerpräsidenten Heinz Kühn
von Staatssekretär Professor Dr. h. c. Dr. E. h. Leo Brandt

DK 677.022.25.001.5:677.052.25:
677.062.001.4:620.163:620.172:
620.175.6:628.511.135

Obering. Herbert Stein

Dr. rer. nat. Wolfgang Stein

Textil-Ing. (grad.) Andreas Erkens

Institut für textile Meßtechnik M. Gladbach e. V., Mönchengladbach

Einsatz des Doppeldraht-Zwirnverfahrens
bei der Verarbeitung von Fasergarnen

SPRINGER FACHMEDIEN WIESBADEN GMBH 1968

ISBN 978-3-663-06275-2   ISBN 978-3-663-07188-4 (eBook)
DOI 10.1007/978-3-663-07188-4

Verlags-Nr. 011944

© 1968 by Springer Fachmedien Wiesbaden
Ursprünglich erschienen bei Westdeutscher Verlag GmbH, Köln und Opladen 1968

Inhalt

1. Vorwort 5

2. Allgemeine Betrachtungen 5
   2.1 Geschichtliches 5
   2.2 Prinzip der Doppeldraht-Zwirnmaschine 6
   2.3 Ungleichmäßigkeit der Zwirndrehung 7
   2.4 Besondere Eigenschaften des Doppeldrahtverfahrens 9
   2.5 Staubentwicklung 9

3. Aufgabenstellung 11

4. Durchgeführte Untersuchungen 12
   4.1 Vergleichende Untersuchungen an verschiedenen Zwirnmaschinen 12
       4.11 Verwendete Materialien 12
       4.12 Zwirnmaschinen und Prüfeinrichtungen 13
       4.13 Zwirnversuche 13
       4.14 Prüfungen der Massenungleichmäßigkeit 14
       4.15 Zugprüfungen 14
       4.16 Drehungsprüfungen 15
   4.2 Untersuchungen zur Staubentwicklung an Doppeldraht-
       Zwirnmaschinen 17
       4.21 Verwendete Materialien 17
       4.22 Zwirnmaschine und Prüfeinrichtungen 18
       4.23 Zwirnversuche 19
       4.24 Bestimmung des Staubanfalls 19
       4.241 Rohweiße Materialien 19
       4.242 Gefärbte Materialien 20
       4.243 Nummernverfeinerung 21
       4.25 Analyse der Staubzusammensetzung 22
       4.26 Zugprüfungen 23
       4.261 Einfluß der Färbung auf das Gespinst 23
       4.262 Einfluß von Färbung, Spindelgeschwindigkeit und Avivage auf den
             Zwirn 24
       4.263 Einfluß der Färbung und des Zwirnprozesses auf die Einzelfaser .. 24
       4.27 Reibungsprüfungen an Gespinsten 25
       4.28 Biegeprüfungen an Einzelfasern 26
       4.29 Scheuerprüfungen an Gestricken 27

5. Zusammenfassung 27

6. Danksagung 29

7. Literaturverzeichnis 29

8. Anhang 31

1. Vorwort

Neben dem konventionellen Ring-Zwirnverfahren hat sich das Doppeldraht-Zwirnverfahren in größerem Umfang zur Verarbeitung von Fasergarnen einführen können. Es ermöglicht die Erzeugung großer knotenfreier Fadenlängen und gestattet die Anwendung relativ hoher Liefergeschwindigkeiten, da dem Faden bei einem Spindelumlauf zwei Drehungen erteilt werden.

Das vorliegende Forschungsvorhaben wurde von der Industrie angeregt. Es befaßt sich mit Fragen

   des Ausfalls der Zwirne hinsichtlich Festigkeit und Dehnung,
   der Drehungsverteilung,
   der Garnbeanspruchung während der Verarbeitung, die sich durch eine störende Staubbildung aufzeigt.

Vergleichend wurden in die Untersuchungen auch Zwirne einbezogen, für deren Herstellung das Zweistufen-Verfahren (Vorzwirn- und Auszwirnmaschine) und das Ring-Zwirnverfahren zur Anwendung kam.
An der Durchführung der Arbeiten im praktischen Betrieb und im Laboratorium, und an der Ausfertigung des vorliegenden Berichtes haben außer den Autoren mitgewirkt:

   Textil-Ing. (grad.) H. v. d. WEYDEN und die
   Textillaborantinnen K. LAUMEN und E. FEIKE.

Ganz besondere Unterstützung haben die Untersuchungen durch die Mitwirkung von Herrn Dr. RIEBER (Farbwerke Hoechst) erfahren, der einen Teil der analytischen Arbeiten durchführte. Außerdem leistete Herr Dr. RIEBER wertvolle Hilfe bei der Abfassung des vorliegenden Berichtes.

2. Allgemeine Betrachtungen

Aus der Literatur sind eine Reihe von Veröffentlichungen bekannt, die das Doppeldraht-Zwirnverfahren zum Gegenstand haben. Im folgenden ist der Versuch gemacht, aus diesen Veröffentlichungen einen kurzen zusammenfassenden Überblick über das Prinzip des Doppeldrahtzwirnens und damit zusammenhängende Probleme zu gewinnen. Dabei wird, insbesondere bezüglich der letzten Neuerungen auf dem Maschinensektor, nicht der Anspruch auf Vollständigkeit erhoben.

2.1 Geschichtliches

Das Prinzip des Doppeldrahtzwirnens ist bereits seit langem bekannt. Sein Name rührt daher, daß durch eine einzige Umdrehung der Zwirnspindel einem Faden zwei Drehungen erteilt werden. Schon 1855 wurde an F. C. KIRKMANN ein Patent auf eine Doppeldrahtspindel erteilt [1]. Eine der ersten Ausführungen einer Doppeldraht-Zwirnmaschine, die mit Spindeln nach dem Patent von ANDREW und LANGSTRETH ausgestattet war, baute die Firma Tweedales und Smalley. Die Weiterentwicklung dieser Type führte zu der Bauart der englischen Firma Dunlop. Nachdem sich das Verfahren bei der Verarbeitung von Fasergarnen zunächst nicht durchsetzen konnte, fand es seine erste wichtige Anwendung im Vor- und Auszwirnen von Reyonkordgrundgarn und gefachtem Grundgarn (1936). Dieser Entwicklung kam die Konstruktion schwerer Spindeln zu Hilfe, auf denen statt der anfänglich eingesetzten Scheibenspulen auch Spinncops vorgelegt werden konnten. Pionierarbeit für die Verwendung des Doppeldraht-Zwirnverfahrens auf dem Gebiet der Fasergarne mittlerer und feiner Nummern leistete die Firma Volkmann, die 1951 mit der Entwicklung einer entsprechenden Zwirnspindel begann. Heutzutage ist es möglich, feinste Zwirne bis herab zu einer Nummer von Nm 260/2 herzustellen.

2.2 Prinzip der Doppeldraht-Zwirnmaschine

Der Grundgedanke des Doppeldrahtzwirnens sowie seine technische Realisierung ist von einer Reihe von Autoren beschrieben worden [2–8]. Im allgemeinen liegt das zu verzwirnende Material in Form einer Fachkreuzspule vor, von der es während des Zwirnvorganges abgezogen wird. Abb. 1* zeigt das Prinzipbild einer Doppeldraht-Zwirnspindel. Die Fachkreuzspule sitzt auf einer Hohlspindel, welche mit dem sogenannten Schutztopf oder Korb starr verbunden ist. Im Zentrum des Schutztopfes bzw. der Hohlspindel wiederum befindet sich kugelgelagert die Rotationsspindel, die das einzige drehende und den Zwirneffekt bewirkende Element darstellt. Unterhalb der Kreuzspule ist der Drehteller mit der Speicherscheibe angeordnet, die für die Konstanthaltung der Fadenspannung von ausschlaggebender Bedeutung ist, und deren Erfindung durch die Firma Barmag erst die weitere Verbreitung des Doppeldrahtverfahrens ermöglichte [9]. Von der Kreuzspule verläuft der gefachte Faden zunächst zu der im allgemeinen über der Rotationsspindel angeordneten Fadenbremse. Das Abziehen des Fadenmaterials kann dabei durch einen ein- oder zweiarmigen, um die Spindel drehbar angeordneten Zwirnflügel unterstützt werden. Von der Bremse aus wird der Faden durch das Innere der Spindel nach unten geführt, bis er an der Speicherscheibe seitlich austritt. Diese umschlingt er unter einem mehr oder weniger großen Winkel und hebt sich dann unter Bildung eines Fadenballons ab, der bis zu dem über der Spindel angeordneten Fadenführer reicht. Anschließend erfolgt die Aufwindung des nun fertigen Zwirns auf eine Kreuzspule, die durch eine Friktionswalze angetrieben wird.

Der Aufwindeeinrichtung vorgeordnet befindet sich eine Vorabzugswalze, welche die Aufgabe hat, die Aufwindespannung auf ein für die gewünschte Härte der Spule geeignetes Maß zu reduzieren. Diese Walze ist zwangsläufig angetrieben und besitzt eine gegenüber der Aufwindegeschwindigkeit erhöhte Umfangsgeschwindigkeit. Dadurch erfährt der unter einem bestimmten Umschlingungswinkel über sie hinweggleitende Faden eine ständige Reibung, die der Zwirnspannung entgegengesetzt gerichtet ist und sie zum Teil kompensiert. Neben diesem System der Vorabzugswalze sind auch andere Konstruktionen, wie beispielsweise Abzugsgaletten oder Klemmabzugswerke bekannt. Sie alle haben die Aufgabe, die Aufwindespannung zu regulieren und eine möglichst gleichmäßige Aufwindegeschwindigkeit zu gewährleisten.

Bedingt durch die Art der Fadenführung, die ein freies Kreisen des Fadens im Ballon um die Vorlagespule erfordert, ist ein direktes mechanisches Festhalten der Spule und

---

* Die Abbildungen stehen im Anhang ab Seite 31.

des Korbes nicht möglich. Um trotzdem ein Mitdrehen zu verhindern, wurden verschiedene Wege beschritten. Eine der heute üblichen Methoden bedient sich der Kraftwirkung zwischen zwei Permanentmagneten, von denen je einer am Boden des Korbes und am Gestell hinter der Spindel befestigt ist. Der Durchtritt des Ballons erfolgt im Luftspalt zwischen den beiden Magnetpolen. Bei einem anderen Verfahren wird derselbe Zweck durch eine Schrägstellung der Spindel in Verbindung mit einer Gewichtsbelastung des Korbbodens erreicht.

Die Entstehung der doppelten Zwirndrehung während eines Spindelumlaufs läßt sich an Hand der schematischen Abb. 2 veranschaulichen. Der Fadenlauf ist hier in Form eines doppelten »L« eingezeichnet, wobei die Verbindungslinie der zwei Buchstaben dem Fadenstück im Ballon entspricht. Es ist leicht zu erkennen, daß in jedem Längsbalken der beiden »L« eine Zwirnung erfolgt, wobei sich diese, da die Drehrichtung jeweils dieselbe ist, addieren.

Ein großer Vorteil des Doppeldraht-Zwirnverfahrens liegt in der zwar relativ hohen, aber praktisch völlig konstantbleibenden Fadenspannung [10, 11]. Die Zugkraft im Faden wird beim Doppeldrahtverfahren im wesentlichen durch die am Ballon angreifenden Kräfte, und zwar vor allem die Zentrifugalkraft, sowie die Luftreibung und die Reibung am Ballonbegrenzer bestimmt. Diese Kräfte stehen im Gleichgewicht mit denen an Fadenbremse und Speicherscheibe einerseits sowie mit der Abzugskraft an der Aufwindevorrichtung andererseits. Der Speicherscheibe kommt vor allem die Aufgabe zu, Spannungsschwankungen weitgehend auszugleichen. Die Umschlingung an der Speicherscheibe wird bestimmt durch den Ablaufwiderstand an der Vorlagespule, die Zugkrafterhöhung durch die Bremse sowie die Reibkräfte an den verschiedenen Umlenkstellen. Erhöht sich nun beispielsweise die Fadenspannung vor der Speicherscheibe, so verringert sich der Speicherwinkel und damit die Reibung. Die Zwirnspannung im Ballon bleibt daher unverändert. Der entsprechende umgekehrte Vorgang spielt sich bei einer Verkleinerung der Fadenspannung an der Spule ab.

Neben der Arbeitsweise mit vorgefachtem Material ist auf der Doppeldraht-Zwirnmaschine bei der Verarbeitung gröberer Nummern auch ein gleichzeitiges Fachen und Zwirnen möglich, wenn statt der Fachkreuzspule Sonnenspulen vorgelegt werden.

Wird nicht in Spindelachsrichtung, sondern tangential abgezogen, so muß die Vorlagespule entsprechend der Abzugsgeschwindigkeit rotieren. Korb und Hohlspindel bleiben natürlich auch hierbei in Ruhe.

Um eine übermäßige Ausweitung des Ballons und ein Zusammenschlagen der Fäden zweier benachbarter Zwirnstellen zu verhindern, können zwischen den Spindeln Trennbleche angeordnet werden, die den Ballon begrenzen. Häufiger sind Ballonbegrenzer in zylindrischer Form, welche die Spindel und den Korb konzentrisch umgeben. Sie sind im allgemeinen geschlitzt, um ein Einlegen des Fadens zu erleichtern.

2.3 Ungleichmäßigkeit der Zwirndrehung

Häufig wird bei Diskussionen über die Drehung eines auf einer bestimmten Maschine hergestellten Zwirns nur ein einziger Zahlenwert für den Variationskoeffizienten der Drehung genannt. Oft genug besteht dabei auch noch Unklarheit, welche Einspannlänge bei der Bestimmung dieses Wertes vorlag. Tatsächlich ist der Variationskoeffizient der Drehung für kleine Einspannlängen aber erheblich höher als für große. Es ist daher sinnvoll, bei Drehungs-Prüfungen ebenso wie bei Untersuchungen über die Massengleichförmigkeit eines Garnes [12] Längenvariationskurven zu bestimmen, in denen der Variationskoeffizient der Drehung über der Einspannlänge aufgetragen wird [13, 14].

Bei vergleichenden Messungen der Drehungsverteilung an Zwirnen, die nach verschiedenen Zwirnverfahren hergestellt wurden, sind zwei Arten von Einflußgrößen zu beachten [15]:

a) Die materialbedingten Ursachen der Drehungsungleichmäßigkeit liegen darin begründet, daß die Drehung beim Zwirnprozeß in dünne Fadenstücke stärker hineinläuft als in dicke, sofern die Zwirnstreckenlänge groß gegenüber der Länge der Dünnstelle ist. Der Variationskoeffizient der Drehung wächst dabei mit dem der Massenverteilung.

b) Einen von der Zwirnmaschine herrührenden Einfluß stellt daher die Größe der Zwirnstrecke dar. Auch beeinträchtigen natürlich die Veränderungen dieser Strecke die Gleichförmigkeit der Drehungsverteilung. Beim Doppeldrahtverfahren beispielsweise ist die Zwirnstrecke gegenüber dem Ringzwirnen verhältnismäßig groß. Sie erstreckt sich von der in der Hohlachse untergebrachten Bremse bis zur Vorabzugswalze bzw. zum Klemmabzugswerk vor der Aufwindeeinrichtung. Schwankungen können hier durch Änderungen der Reserve auf der Speicherscheibe entstehen [15].

Die Zwirnstrecke beim klassischen Ring-Zwirnverfahren zwischen Lieferwerk und Läufer erfährt periodische Veränderungen durch die Bewegung der Ringbank. Mit der Verwendung von Spindelaufsätzen läßt sich auch beim Ring-Zwirnverfahren eine kleine, etwa gleichbleibende Zwirnstrecke schaffen. Hier erfolgt die Drehung zwischen Spindelkrone und Lieferwerk. Ähnliche Verhältnisse wie beim Ringzwirnen liegen beim Vorzwirnen im Stufen-Zwirnverfahren vor. Dabei gilt, daß die Einflüsse des Vorzwirnens auf die Gesamtdrehungsverteilung gering bleiben. Die Zwirnstrecke beim Fertigzwirnen zwischen dem Drallstau an der Spitze des Topfes und dem darüber angeordneten Fadenumlenkorgan ändert sich nicht.

Drehzahlschwankungen der Spindeln können bei allen Maschinensystemen durch Schlupf zwischen den Spindelwirteln und den antreibenden Tangentialflachriemen oder Bändern verursacht werden. Dies tritt insbesondere bei einer schlechten Ausrichtung der Spindeln oder der zur Riemenführung vorgesehenen Leitrollen ein.

Auch bei dem Friktionsantrieb der Kreuzspulen ist mit Schlupferscheinungen zu rechnen, die sich abhängig vom wirksamen Fadenzug und von anderen Einflüssen unterschiedlich groß ausbilden können und damit die Abzugsgeschwindigkeit und die Zwirndrehung beeinflussen. Die Fadengeschwindigkeit kann im übrigen nicht konstant sein, wenn auf konische Kreuzspulen aufgewunden wird. Hier ist der Berührungspunkt der Spule mit der Friktionswalze nicht genau definiert. Bessere Voraussetzungen sind gegeben, wenn die Achse der Kreuzspule mit derjenigen der Friktionswalze einen kleinen Winkel einschließt. Bei gleichmäßig umlaufender Kreuzspule ist trotzdem mit Fadengeschwindigkeitsänderungen zu rechnen, wenn mit hin und her gehendem Fadenführer unterschiedlich Material angefordert und wechselnd auf kleinen und auf großen Spulendurchmesser aufgewickelt wird. Allerdings konnte nachgewiesen werden, daß bei der Verzwirnung von Fasergarnen eine Ausschaltung der Geschwindigkeitsänderungen durch die Verwendung eines Klemmabzugswerkes keine Vorteile in bezug auf die Drehungsgleichmäßigkeit gibt [15].

Mitunter finden aus diesem Grunde bei Doppeldraht-Zwirnmaschinen wie bei der Ring-Zwirnmaschine besondere, zwangsläufig angetriebene Lieferwalzenpaare Verwendung, mit denen die Abzugsgeschwindigkeit auf einem konstanten Wert gehalten wird. Beim Ring-Zwirnverfahren ist wegen des stärkeren Nachbleibens des Läufers beim Winden auf die Kegelspitze mit einer Verminderung der Drehung für das betroffene Fadenstück zu rechnen.

2.4 Besondere Eigenschaften des Doppeldrahtverfahrens

Neben der bereits erwähnten Konstanz der Zwirnspannung, welche einen vergleichmäßigenden Einfluß auf das Dehnungsverhalten des Zwirns ausübt, weist das Doppeldrahtverfahren eine Reihe weiterer Vorteile auf. Als Folge der zweifachen Drehung während einer Spindelumdrehung kann die Liefergeschwindigkeit, d. h. die Produktion je Spindel, selbst bei kleineren Drehzahlen, als sie beim Ringzwirnen üblich sind, erheblich gesteigert werden.

Die Vorlage des Materials und das Aufwinden in Kreuzspulform gestatten die Herstellung großer knotenfreier Längen [16]. Damit wird natürlich auch das Auswechseln der Garnkörper an den einzelnen Zwirnstellen, für das im übrigen nicht ein Absetzen der ganzen auf der Maschine laufenden Partie erforderlich ist, weniger häufig notwendig. Schließlich fällt auch der zusätzliche Arbeitsprozeß des Umspulens beim Ringzwirnen weg.

Jede Spindel ist mit einer automatischen Fadenbruchabstellung versehen. Damit ist zu erreichen, daß ein gerissenes Fadenende nicht wie im Fall der Ring-Zwirnmaschine durch die Luft bzw. an verschiedenen Maschinenteilen vorbeigewirbelt wird und dabei zur Verschmutzung benachbarter Garnkörper oder zu weiteren Fadenbrüchen führt. Außerdem ermöglicht es diese Abstellung, die Maschine auch nach Betriebsschluß ohne Aufsicht weiterlaufen zu lassen.

Doppeldraht-Zwirnmaschinen sind häufig in zwei Etagen gebaut, d. h., auf jeder Maschinenseite befinden sich übereinander zwei Reihen von Zwirnspindeln bzw. Aufwindevorrichtungen. Bei verschiedenen Konstruktionen ist jede dieser Etagen unabhängig angetrieben, so daß auf einer Maschine mehrere Partien mit unterschiedlichen Drehzahlen und Drahtrichtungen (S- oder Z-) verarbeitet werden können. Auch ergibt die Anordnung der Zwirnspindeln in Etagen eine kompaktere Bauweise und damit einen geringeren Raumbedarf der Maschinen.

Durch das Prinzip, von einer in Ruhe befindlichen bzw. langsam drehenden Spule abzuziehen und auf eine ebenfalls langsam drehende Spule aufzuwinden, sind die Massen der schnell rotierenden Teile verhältnismäßig gering und vor allem konstant. Damit lassen sich Auswuchtprobleme leichter beherrschen als an der Ring-Zwirnspindel, bei der im Verlaufe des Copaufbaues die Masse und die Unwucht des sich drehenden Körpers fortlaufend größer wird. Auch weist die im Doppeldrahtverfahren hergestellte Spule bessere Ablaufeigenschaften des Fadens bei der Weiterverarbeitung gegenüber dem Ring-Zwirncop auf.

Einflüsse auf die Drehungsgleichmäßigkeit, wie sie durch Schwankungen der Abzugsgeschwindigkeit, insbesondere beim Aufwickeln des Materials in Form von konischen Kreuzspulen, oder auch durch Veränderung der Speicherlänge auf der Speicherscheibe entstehen können, wurden bereits im vorigen Abschnitt besprochen.

Ein weiteres Problem, das vor allem bei der Verarbeitung von Polyester-Fasermischgarnen auf Doppeldraht-Zwirnmaschinen eine Rolle spielt, soll im folgenden Kapitel diskutiert werden.

2.5 Staubentwicklung

Die Ballonbildung beim Doppeldrahtzwirnen wird von der Gleichmäßigkeit der Garnnummer und den Gleiteigenschaften des Fadens beeinflußt. Garnnummer, Spulengröße und Spindelteilung sind bestimmend dafür, ob der Ballon frei ausschwingen kann oder in seinem Durchmesser begrenzt werden muß. Plötzliche Änderungen des Ballondurchmessers treten vor allem durch Schwankungen der Einlaufspannung auf, wenn diese nicht mehr durch eine Änderung der Reserve an der Speicherscheibe aufzufangen sind. Besonders nachteilig wirken sich dabei Abschläger auf der unteren Stirnfläche der Vorlagespule aus. In diesem Falle wird im Moment des Ablaufs des Abschlägers von der Vorlagespule eine ruckartige Erhöhung der Einlaufspannung auftreten. Im Grenzfall kann dies zu einer Aufhebung der gesamten Reserve auf der Speicherscheibe führen. Ist keine Speicherung mehr vorhanden, so wirkt die Einlaufspannung direkt auf den Ballon, der dadurch eingezogen wird. Steigt die Kraft noch weiter an, so besteht die Möglichkeit, daß der Ballon im oberen Teil auf die Oberkante des Innentopfes aufschlägt und dort Anlaß zu starken Störungen – bis zum Fadenbruch – gibt [17]. Der umgekehrte Fall liegt vor, wenn ganze Fadenlagen von der Ablaufspule abspringen und in das Zulaufrohr kommen. In diesem Falle sinkt die Einlaufspannung fast auf Null ab. Da jetzt die Gegenkraft zur Ballonspannung fehlt, erfährt der Ballon eine Vergrößerung. Bei Verwendung von Ballonbegrenzern wird er oben ausbauchen. Ohne Ballonbegrenzer kann der Faden dagegen auf die Trennbleche aufschlagen. Aus diesen Tatsachen ist ersichtlich, welche Wichtigkeit die Qualität der Vorlagespule hat.

Trennbleche bzw. ringförmige oder zylindrische Ballonbegrenzer werden bei allen Maschinen mit großen Vorlagespulen notwendig sein, ebenso bei der Verarbeitung von Fäden grober Nummer. Die Begrenzung bewirkt, daß der Faden nach Verlassen des Drehtellers an irgendeiner Stelle auf den Ballonbegrenzer auftrifft. Dies erfolgt, sofern eine Speicherung auf dem Drehteller vorliegt, immer unter einem sehr spitzen Winkel. Aus diesem Grunde wird die hohe Ballonenergie (bei einem Ballonbegrenzer von 200 mm Durchmesser und 8000 Spindeltouren/min hat der Faden gegenüber dem Ballonbegrenzer eine Geschwindigkeit von etwa 300 km/h) nur zum Teil auf den Ballonbegrenzer übertragen. Um eine möglichst geringe Fadenbeanspruchung zu erhalten, müssen natürlich die Reibkräfte möglichst klein sein. Dies ist durch eine spezielle Oberfläche auf der Innenseite des Ballonbegrenzers sowie durch die richtige Wahl der Präparation des zu zwirnenden Fadens zu erreichen.

Zu einer starken Erhöhung der Reibung im Ballonbegrenzer kommt es immer dann, wenn sich vom Faden schmierige Bestandteile (Präparationen, Farbstoffe, Färbereihilfsmittel u. a.) auf den Ballonbegrenzer abreiben. In einem solchen Fall kann die Reibung sehr hoch werden, so daß bei schmelzfähigen synthetischen Faserstoffen wie Polyester oder Polyamid ein Anschmelzen der direkt an dem Ballonbegrenzer reibenden Fadenteile möglich ist. Dies führt zu einer starken Erhöhung der Staubbildung. Daher muß unter allen Umständen vermieden werden, daß Ablagerungen auf der Innenseite des Ballonbegrenzers auftreten.

Ein anderer Fall liegt vor, wenn Fäden gezwirnt werden, die einen hohen Anteil von Kurzfasern enthalten oder die durch irgendeine Verarbeitungsstufe, wie zum Beispiel Färben oder Trocknen [18], versprödet sind. Dabei tritt starker, meist fasriger Staub auf, der je nach Schädigungsgrad durch die Vorbehandlung mehr oder weniger mit Fasersplittern durchsetzt ist. Bei gefärbten Fäden kann der Staub auch aus Farbstoff, Färbereihilfsmitteln, Oligomeren oder ähnlichem bestehen. Beim Auftreten von Staub an der Doppeldraht-Zwirnmaschine und natürlich bei allen anderen Zwirnmaschinen ist es zweckmäßig, den Staub mikroskopisch zu untersuchen, um zu erkennen, wodurch der Staub verursacht ist. Eventuell sollte noch eine chemische Analyse des Staubes angeschlossen werden.

Die Staubentwicklung in Verbindung mit gleichzeitigen stärkeren elektrostatischen Aufladungen bewirkt eine Wanderung des Staubes an bestimmte Stellen der Maschine [18]. Besonders unangenehm ist es, wenn Faserflocken wieder an den Fadenballon kommen und mit eingezwirnt werden, was zu einem qualitativ schlechten Garn führt. Bei Auftreten von starkem Staub kann auch das Bedienungspersonal belästigt werden.

Neben einer Schädigung durch Vorbehandlung sind drei weitere Faktoren für die Staubbildung beim Zwirnen von Bedeutung, nähmlich die Präparation des Fadens, das Klima und die Fadenfeuchtigkeit.

Alle bisher durchgeführten Versuche haben gezeigt, daß es nicht möglich ist, in vor dem Fachen und Zwirnen liegenden Arbeitsprozessen Präparationen aufzubringen, die optimale Laufeigenschaften beim Doppeldrahtzwirnen ergeben [19]. Eine Verbesserung läßt sich durch Auftragen einer zusätzlichen Präparation direkt vor dem Zwirnen, eventuell auch beim vorhergehenden Fachen erreichen. Diese Präparation kann ein Öl oder Wachs sein. Aufgabe der Präparation ist es, an allen Stellen, an denen der Faden mechanischen Beanspruchungen ausgesetzt ist, zwischen Faden und Reibstelle eine flüssige Schmierschicht zu erzeugen. Es kommt also primär nicht auf eine Senkung der Reibkraft oder Herabsetzung der elektrostatischen Ladung an, sondern darauf, daß die beiden aufeinander reibenden Körper durch eine flüssige Schicht getrennt werden. Dadurch wird der Faden geschont und eine Vergleichmäßigung des Fadenlaufs erreicht. Als Präparationen haben sich Öle besser bewährt als Wachse. Die gebräuchlichste Aufbringung erfolgt mit einem Pinsel oder Schaumstoffschwamm bzw. in halbautomatischen Apparaten durch Besprühen der Stirnflächen der Kreuzspulen. Bewährt hat sich auch das Verfahren des Auftragens beim Fachen, in dem der Faden tangential an einer Ölwalze vorbeibewegt wird und dabei die erforderliche Menge Öl annimmt. Es wurde weiterhin versucht, die Präparation direkt an der Doppeldrahtmaschine aufzubringen [20]. Hierbei wird das Öl durch einen Docht, der in einen Schlitz am Ballonbegrenzer eingelassen ist, dem Faden zugeführt. Als Präparationsmenge reichen Auflagen von 0,2 bis 1% (zum Beispiel Monopolavivage DD [19, 21]).

Das Raumklima und die Fadenfeuchtigkeit sind von großer Bedeutung für das Zwirnen von Fäden. Bei allen Prozessen, bei denen das Faser- oder Fadenmaterial gegen Luft rasch bewegt wird, tritt eine merkliche Austrocknung der Faseroberfläche ein. Dies führt dazu, daß eine statische Ladung auftreten kann, und daß sich die Reibeigenschaften des Fadens ändern. Daher sollte das Fadenmaterial vor dem Zwirnen so gelagert werden, daß es die Gleichgewichtsfeuchtigkeit eines Klimas von 20°C und 80 bis 90% rel. Luftfeuchtigkeit enthält. Der Zwirnraum sollte 20 bis 23°C und 65 bis 75% rel. Luftfeuchtigkeit haben. Dabei sei besonders darauf hingewiesen, daß dieses Klima an der Zwirnstelle vorhanden sein muß. Dies erfordert eine genau überlegte Luftführung im Zwirnsaal [22]. Werden die klimatischen Bedingungen beachtet, so läßt sich mit einem guten Ausgangsmaterial und einer richtig eingestellten Doppeldraht-Zwirnmaschine die Staubentwicklung auf ein Mindestmaß reduzieren.

3. Aufgabenstellung

Im ersten Teil dieser Arbeit sollten Zwirne, die nach dem Ring-, dem Stufen- und dem Doppeldraht-Zwirnverfahren hergestellt waren, daraufhin untersucht werden, wieweit die Art des Zwirnverfahrens die Materialeigenschaften beeinflußt.

Von Interesse war dabei einmal die Beziehung zwischen den Massenungleichmäßigkeiten der Ausgangsgespinste und der Zwirne. Weiterhin sollte aufgezeigt werden, wieweit sich verschiedene Zwirnverfahren auf die Festigkeitswerte der Zwirne auswirken. Schließlich bestand die Aufgabe nachzuprüfen, ob die drei Zwirnverfahren Unterschiede in der Drehungsverteilung ergeben und welchen Einfluß die Massenungleichmäßigkeit der Gespinste darauf nimmt.

Getrennt von diesen Untersuchungen sollten im zweiten Teil der Arbeit die Ursachen und Auswirkungen der Staubentwicklung beim Verzwirnen von Fasergarnen auf Doppeldrahtmaschinen bzw. Möglichkeiten zu einer Verbesserung der Verhältnisse näher erforscht werden.

Das Problem, wie die in Abschnitt 2.5 erläuterten Übelstände zu vermeiden sind, beschäftigt in gleicher Weise Faserhersteller, Faserverarbeiter und Maschinenfabriken. Eine Abhilfe scheint nach den vorstehend angestellten Überlegungen nur dadurch erreichbar, daß bei den großen Geschwindigkeiten des ausschwingenden Fadenballons die Reibung an den der Ballonführung dienenden Konstruktionselementen vermindert wird. Bei dem Versuch, in dieser Hinsicht Fortschritte zu erzielen, wurden bereits verschiedene Wege beschritten.

Beobachtungen an Produktionsmaschinen im praktischen Betrieb ergaben Hinweise dafür, das eine Reihe von Faktoren, wie die Art des Materials, seine Vorbehandlung – insbesondere die Färbung – sowie die Zwirngeschwindigkeit bzw. die Spindeldrehzahl, für die Höhe des Staubanfalls maßgebend sind. Ihre Auswirkungen sollten hier überprüft werden.

Neben der direkten Bestimmung der Staubentwicklung kam es auch darauf an, festzustellen, welchen Einfluß die beim Zwirnen auftretenden Beanspruchungen auf die mechanisch-technologischen Eigenschaften der verarbeiteten Fasern und Garne nehmen.

Im einzelnen sollte geklärt werden:

 wieviel Staub bei verschiedenen Garnmaterialien anfällt, und welche Beziehungen zwischen den Staubmengen und der Spindeldrehzahl, der aufgebrachten Avivage und der Färbung bzw. der Nachbehandlung bestehen; hierbei interessierte auch die Art des Staubes, außerdem, wie bei Mischgarnen die Faserkomponenten an der Zusammensetzung beteiligt sind;

 ob der Substanzverlust eines Fadens durch den Abrieb beim Zwirnen eine meßbare Verfeinerung der Nummer mit sich bringt;

 wieweit die Färbung die Kraft-Dehnungs-Eigenschaften der Gespinste, sowie die Färbung, die verwendete Avivage und die Spindeldrehzahl die der Zwirne beeinflußt; in diesem Zusammenhang war die Veränderung der Reißkraft, der Reißdehnung und der Biegefestigkeit von Einzelfasern aus den Garnen und Zwirnen von Interesse;

 welche Auswirkung die Fadenoberflächenbeschaffenheit und in diesem Zusammenhang die aufgebrachten Präparationsmittel auf die Reibkräfte und die maximal erreichbaren Reibgeschwindigkeiten nehmen;

 ob Gewirke, die aus rohweißen und gefärbten Zwirnen hergestellt wurden, Unterschiede in der Scheuerfestigkeit zeigen.

4. Durchgeführte Untersuchungen

4.1 Vergleichende Untersuchungen an verschiedenen Zwirnmaschinen

4.11 Verwendete Materialien

Als Ausgangsmaterialien fanden ein Baumwollgespinst 20 tex sowie ein Polyester/Wolle-(55/45)-Mischgespinst 18 tex Verwendung.

Aus Gründen der optischen Beurteilung der Drehungsverteilung des Zwirns sollten

Moulinés erzeugt werden. Zu diesem Zweck war jeweils die Hälfte des rohweißen Baumwoll- und des Polyester/Wolle-Gespinstes schwarz zu färben und zusammen mit dem rohweißen Material zu fachen.

4.12 Zwirnmaschinen und Prüfeinrichtungen

Für das Verzwirnen der Garne wurden eine Ring-Zwirnmaschine der Firma Allma, nach dem Stufen-Zwirnverfahren arbeitende Maschinen der Firma Hamel und eine Doppeldraht-Zwirnmaschine der Firma Volkmann eingesetzt. Bei dem Stufenverfahren erfolgt das Fachen in einem Arbeitsgang mit der Vordrahterteilung auf der Vorzwirnmaschine. Fachkreuzspulen für die Ring- und die Doppeldraht-Zwirnmaschine wurden auf einer Schlafhorst-BKN-Kreuzspulmaschine mit einer Geschwindigkeit von 600 m/min hergestellt.

Für Prüfungen der Massenungleichmäßigkeit an den Garnen und Zwirnen stand der »Garngleichmäßigkeitsprüfer Uster« von der Firma Zellweger zur Verfügung. Festigkeitsprüfungen wurden mit dem »Uster-Dynamometer« derselben Firma durchgeführt. Eine Überprüfung der Drehungsgleichmäßigkeit der Zwirne wurde mit einem Drehungsprüfer der Firma Hahn vorgenommen.

4.13 Zwirnversuche

Die bei den einzelnen Zwirnverfahren gewählten Maschineneinstellungen gehen aus der nachfolgenden Übersicht hervor. Sowohl der Baumwollzwirn als auch der Polyester/Wolle-Zwirn sollte eine Drehung von ca. 675 T/m erhalten.

Ring-Zwirnverfahren   (Allma Type Z IV D, Bj. 1961)

    Spindelgeschwindigkeit: 8500 U/min
    Lieferung: 12,6 m/min
    Ringdurchmesser: 65 mm
    Ringläufergeschwindigkeit: 29 m/sec
    Ringläuferform: Elliptikläufer
    Hülsenlänge: 300 mm
    Hülsendurchmesser: 32 mm unten, 24 mm oben

Stufen-Zwirnverfahren   (Hamel)

1. Vorzwirnmaschine

    Spindelgeschwindigkeit: 6000 U/min
    Lieferung: 78 m/min
    Ringdurchmesser: 110 mm
    Ringläufergeschwindigkeit: 35 m/sec
    Ringläuferform: HZ III
    Vordrehung: 77 T/m

2. Auszwirnmaschine   (Type 4/210, Bj. 1961)

    Spindelgeschwindigkeit: 9000 U/min
    Lieferung: 15 m/min
    Restdrehung: 600 T/m

Doppeldraht-Zwirnverfahren   (Volkmann, Type TZ, 5, Bj. 1961)

    Spindelgeschwindigkeit: 8500 U/min
    Lieferung: 25 m/min
    Voreilung: 69%

4.14 Prüfungen der Massenungleichmäßigkeit

Bestimmungen der mittleren linearen Ungleichmäßigkeit wurden zunächst an den Ausgangsmaterialien durchgeführt. Dabei waren bei dem Baumwollgarn und dem Polyester/Wolle-Mischgespinst jeweils insgesamt 1200 m von fünf rohweißen bzw. fünf schwarzgefärbten Kreuzspulen zu untersuchen. Die Ergebnisse dieser Prüfungen sind aus den Strichdiagrammen in Abb. 3 und Abb. 4 zu ersehen. Nach den Uster-Standards lassen sich beide Garne entsprechend der Höhe ihrer LU-%-Werte als »mittel« bezeichnen.
Parallel hierzu wurden Messungen der Gleichförmigkeit auch an den nach verschiedenen Verfahren hergestellten Zwirnen vorgenommen, deren Resultate ebenfalls in den obigen Abbildungen wiedergegeben sind. Übereinstimmend zeigt sich, daß durch das Doublieren beim Zwirnprozeß eine Verbesserung der Ungleichmäßigkeit gegenüber dem Ausgangsmaterial zu erreichen ist. Dabei muß hier beachtet werden, daß die lineare Ungleichmäßigkeit für die Baumwollgespinste über derjenigen der Polyester/Wolle-Mischgespinste liegt, während sich die Werte für die Zwirne umgekehrt verhalten.
Bei beiden Garnen ist ein günstiges Abschneiden des Doppeldrahtzwirnens gegenüber den beiden anderen Verfahren zu verzeichnen, eine Beobachtung, auf die im folgenden noch eingegangen wird.
Weiterhin wurden Spektrogramme von allen hergestellten Zwirnen aufgenommen, um Aufschluß darüber zu erhalten, ob periodische Massenschwankungen durch den Zwirnprozeß hervorgerufen werden. Wie zu erwarten, ließen sich derartige Schwankungen bei keinem Material in dem überprüften Bereich zwischen 4 cm und 3 m nachweisen.

4.15 Zugprüfungen

Bestimmungen der Festigkeit und Dehnung mit dem »Uster-Dynamometer« – diese Werte sind im folgenden mit Reißkraft und Reißdehnung bezeichnet – wurden sowohl an den Gespinsten als auch an den fertigen Zwirnen durchgeführt. Dabei waren von jedem Material am schwarzen und weißen Gespinst 100, am Zwirn 1000 Reißungen über 10 Cops bzw. Kreuzspulen verteilt vorzunehmen.
In Abb. 5 und 6 sind die Werte der Reißkraft, der Reißlänge und Reißdehnung in Form von Strichdiagrammen aufgetragen. Die Vertrauensbereiche wurden in den Diagrammen teilweise nicht eingezeichnet, da sie in der Größenordnung von 1% des jeweiligen Mittelwerts lagen. Hinsichtlich der Reißkraft bzw. der Reißlänge zeigt sich, daß der im Ring-Zwirnverfahren hergestellte Baumwoll- und Polyester/Wolle-Zwirn die größte Festigkeit aufweist. Etwas kleinere Werte wurden für die Doppeldrahtzwirne gefunden. Am niedrigsten liegt die Festigkeit für den im Stufenverfahren erzeugten Zwirn. Da sich die Vertrauensbereiche in keinem Fall überschneiden, sind alle Unterschiede statistisch gesichert.
Eine Erklärung für die obige Beobachtung ist darin zu sehen, daß beim Ring- und beim Doppeldraht-Zwirnverfahren relativ hohe Fadenspannungen wirksam sind. Diese sorgen für ein gleichmäßiges Einbinden der Gespinste und damit der in diesen vereinigten Fasern zum Zwirn. Dagegen wird beim Stufenverfahren an der Auszwirnmaschine, an der die eigentliche Drallerteilung erfolgt, mit geringeren Fadenspannungen gearbeitet. Auf die Zwirnfestigkeit nimmt zweifellos auch die Vorspannung Einfluß, mit welcher die Fäden der Zwirnstelle zulaufen. Erfährt einer der beiden im gefachten Material vorliegenden Fäden eine höhere Vorspannung, so wird er bei einer Zugprüfung des fertigen Zwirns eher zum Bruch kommen. Die Gesamtreißkraft ist daher kleiner als die arithmetische Summe der Reißkräfte der beiden Einzelfäden.
Beim Zwirnprozeß wird das Material in Kreuzspul- oder Cop-Form aufgewunden.

Ein Ausgleich der durch die aufgetretenen Zugkräfte bewirkten Dehnungen kann hier nur in begrenztem Maße erfolgen, insbesondere, wenn es sich um hart gewickelte Spulenkörper handelt. Die nicht wieder aufgeholten Verformungen werden mit zunehmender Lagerzeit fixiert, so daß sich bei einer nachfolgenden Zugprüfung eine Verringerung der Reißdehnung ergibt.

Wird von der zuerst gegebenen Erklärung ausgegangen, nach der die Unterschiede in der Reißkraft der Zwirne von den unterschiedlichen Zwirnspannungen abhängig sind, so wäre nach den Ergebnissen der Festigkeitsprüfungen anzunehmen, daß unter der Wirkung der auftretenden Fadenspannungen beim Ring-Zwirnverfahren die geringsten, beim Stufen-Zwirnverfahren dagegen die höchsten Reißdehnungswerte zu verzeichnen sind. Tatsächlich bestehen hier nicht unerhebliche Unterschiede, die erkennen lassen, daß beim normalen Ring-Zwirnverfahren die höchsten Fadenspannungen auftreten. Die noch höhere Reißdehnung der Doppeldrahtzwirne dürfte dagegen auf die durch die – hier mit einer relativ hohen Voreilung arbeitende – Vorabzugswalze bewirkte geringere Wicklungshärte bzw. auf die zwischen Vorabzugswalze und Kreuzspule erfolgende Rückverformung des Zwirns zurückzuführen sein.

Die Unterschiede in den Bruchdehnungsmittelwerten sind sowohl bei dem Baumwoll- als auch bei dem Polyester/Wolle-Zwirn statistisch gesichert.

4.16 Drehungsprüfungen

Die Überprüfung der Drehungsgleichmäßigkeit wurde sowohl mit einem Drehungsprüfer nach dem Parallellageverfahren als auch durch eine visuelle Beurteilung vorgenommen. Für die erstgenannte Prüfung an den hergestellten Zwirnen wurden Einspannlängen von 50, 100, 200, 500 und 1000 mm gewählt. Die Zahl der Messungen je Einspannlänge betrug $N = 100$. Bei 10 vorgelegten Cops bzw. Kreuzspulen entfielen somit 10 Messungen auf einen Garnkörper. Die zu prüfenden Zwirne wurden »über Kopf« von der Spule abgezogen.

Zusätzlich zu den Drehungsprüfungen wurde die Nummer jedes einzelnen untersuchten Fadenstückes bestimmt, um eine Aussage über den Einfluß der Massenungleichmäßigkeit auf die Drehungsverteilung zu erhalten.

Die Ergebnisse der Drehungsprüfungen sind mit den Längenvariationskurven der Drehung in Abb. 7 und 8 wiedergegeben.

Die einzelnen Kurvenpunkte der verschiedenen Verfahren zu jeder Einspannlänge liegen für den Baumwollzwirn relativ dicht beieinander. Auch läßt sich wegen des mehrfachen Überschneidens der Kurven keine einheitliche Tendenz ablesen.

Deutlichere Unterschiede ergeben sich bei der Überprüfung der Polyester/Wolle-Zwirne. Danach liegt die Längenvariationskurve der Drehung für das Stufenverfahren am günstigsten und für das Doppeldraht-Zwirnverfahren am ungünstigsten. Bei der kleinsten überprüften Einspannlänge differieren die Variationskoeffizienten um nahezu 10%.

Es ist allerdings zu beachten, daß sich die Vertrauensbereiche der drei jeweils einander entsprechenden Meßwerte in allen Fällen und bei beiden Materialien überlappen. Eine eindeutige Aussage, welche Unterschiede statistisch gesichert sind, ist daher nicht möglich.

Die unterschiedlichen Ergebnisse der verschiedenen Materialien lassen darauf schließen, daß die in 2.3 genannten maschinenbedingten Einflüsse auf die Drehungsverteilung nur dann eine Rolle spielen, wenn sie mit von dem verarbeiteten Material abhängen können. Drehzahlschwankungen der Zwirnspindel dürften hier also von vornherein auszuschließen sein. Dagegen können zum Beispiel Änderungen der Drallstrecke etwa beim

Doppeldrahtverfahren durch Änderungen des Umschlingungswinkels an der Speicherscheibe, diese wiederum durch die Ablaufeigenschaften des Materials von der Spule und die Reibeigenschaften in der Fadenbremse beeinträchtigt werden.

Der Einfluß der Nummernschwankung auf den Variationskoeffizienten der Drehung spielt – wie schon erwähnt – insofern eine Rolle, als ein Material mit stärkeren Nummernschwankungen auch eine stärkere Variation der Drehungsverteilung ergeben kann [23]. Wird dieser Einfluß in den Längenvariationskurven eliminiert, d. h., wird theoretisch jedesmal das Material auf dieselbe Nummer reduziert, so sind die dann noch vorhandenen Unterschiede ausschließlich auf die Maschinen bzw. auf die oben erwähnten, von gewissen anderen Materialeigenschaften mitbeeinflußten Vorgänge zurückzuführen.

Die Eliminierung der Nummernschwankung in der Berechnung der Variationskoeffizienten bzw. der Streuung der Zwirndrehung führt zur sogenannten Reststreuung

$$S_R^2 = \frac{1}{N-2}(Q_{00} - b\,Q_{10})$$

mit

$$Q_{00} = \sum y^2 - \frac{1}{N}(\sum y)^2$$

$$Q_{10} = \sum xy - \frac{1}{N}\sum x \sum y$$

$$Q_{11} = \sum x^2 - \frac{1}{N}(\sum x)^2$$

$$b = \frac{Q_{10}}{Q_{11}}$$

y = Drehung pro Einspannlänge
x = Fadengewicht pro Einspannlänge

Die Berechnung der Reststreuung ist außerordentlich zeitraubend. Sie wurde deshalb hier nur für das Polyester/Wolle-Material durchgeführt. Die aus der Reststreuung ermittelten Variationskoeffizienten sind in den Abb. 9a–c für die drei Zwirnverfahren den bereits in Abb. 8 gezeigten Längenvariationskurven gegenübergestellt. Daraus geht hervor, daß sich die Nummernschwankung offenbar am stärksten beim Doppeldrahtverfahren, am wenigsten beim Ring-Zwirnverfahren auf die Gleichmäßigkeit der Zwirndrehung auswirkt.

Bekanntlich konzentriert sich beim Drehen eines Fadenstückes die Drehung auf die Stelle mit dem kleinsten Querschnitt. Beim Spinnen oder Zwirnen verläuft dieser Prozeß um so ausgeprägter, je länger die Drallstrecke ist. Gegenüber dem Ringzwirnen besitzt das Doppeldrahtverfahren eine verhältnismäßig große Zwirnstrecke; eine besonders starke Beeinflussung der Drehung durch die Massenungleichmäßigkeit im letzten Fall, wie sie durch Abb. 9c belegt wird, entspricht also den Erwartungen.

Andererseits hat die stärkere Einzwirnung an den dünnen Stellen eine Vergrößerung der Masse je Längeneinheit zur Folge, während dicke Fadenstücke nur wenig eingezwirnt werden und daher keine wesentliche Nummernänderung erfahren. Daraus resultiert eine Verbesserung der Massengleichförmigkeit, die sich in dem in Abschnitt 3.14 erwähnten günstigeren Abschneiden des Doppeldraht-Zwirnverfahrens äußert.

Bemerkenswert erscheint die Feststellung, daß – möglicherweise wegen der unterschiedlichen Fasersteifigkeit – die Variationskoeffizienten der Drehung (vgl. Abb. 7, 8) für den Baumwollzwirn erheblich unter denen des Polyester/Wolle-Zwirnes liegen. Beispielsweise ist der Variationskoeffizient des letzteren bei einer Einspannlänge von 100 mm annähernd doppelt so hoch wie der des Baumwollzwirns. Dies überrascht um so mehr, als sich aus den in 4.14 beschriebenen Prüfungen eine für das Baumwollgespinst sogar höhere lineare Ungleichmäßigkeit der Masse ergab (vgl. Abb. 3, 4). Ähnliche Beobachtungen wurden auch an anderer Stelle gemacht [24].

Eine Erklärung läßt sich nur damit geben, daß sich Gespinste aus kurzstapeligen und feinen Baumwollfasern leichter und gleichmäßiger zu einem Zwirn einbinden lassen als Gespinste aus den steiferen Woll- bzw. Polyesterfasern.

Es bestand weiterhin die Frage, ob die Unterschiede der Drehungsverteilung auch visuell in Erscheinung treten. Selbst statistisch gesicherte Unterschiede sind schließlich für den Praktiker ohne Bedeutung, wenn sie so gering bleiben, daß sie nur mit mehr oder weniger komplizierteren Meßmethoden, nicht aber mit dem Auge erfaßt werden können.

Zu diesem Zweck wurden zahlreiche Schautafeln bewickelt und von verschiedenen Versuchspersonen überprüft. Obwohl es sich um Mouliné-Zwirne handelte, war es nicht möglich, Unterschiede in der Drehungsverteilung zugunsten des einen oder anderen Verfahrens aufzufinden.

Schließlich wurden die Zwirne als Schußmaterial in einer Kunstseiden-Kette verwebt. Auch dabei waren keine Unterschiede in bezug auf die Drehungsverteilung zu erkennen.

Zusammenfassend läßt sich feststellen, daß die Art des Zwirnverfahrens für die Güte der Drehungsverteilung im Zwirn von untergeordneter Bedeutung ist. Dagegen kann durch eine entsprechende Auswahl der verarbeiteten Fasermaterialien ein erheblicher Einfluß auf die Höhe des Variationskoeffizienten genommen werden.

4.2 Untersuchungen zur Staubentwicklung an Doppeldraht-Zwirnmaschinen

4.21 Verwendete Materialien

Für die Untersuchungen standen größere Mengen von rohweißen und kreuzspul- bzw. kammzuggefärbten Polyestergarnen und Polyester/Wolle-Mischgespinsten zur Verfügung. Die gefärbten Garne waren teilweise absichtlich schlecht reduktiv nachbehandelt, um den Einfluß ungünstiger Färbebedingungen deutlich zu machen. Einige der gefärbten Materialien wurden im letzten Spülbad mit Leomin KP präpariert.

In der folgenden Tab. 1 sind sämtliche vorliegenden Garne unter Angabe der jeweiligen Behandlung aufgeführt.

Alle Gespinste besaßen dieselbe Garnnummer (21 tex) und Drehung (Z 555 T/m). Ein Vergleich der Wirksamkeit verschiedener Avivagen wurde an den Materialien 1 (Trevira, rohweiß) und 7 (Wolle/Trevira, rohweiß) vorgenommen. Hierbei wurden die im folgenden aufgeführten Avivagen eingesetzt:

Monopolavivage DD	Stockhausen
DD-Avivage ZSM	Zschimmer & Schwarz
DD-Avivage ZO	Zschimmer & Schwarz
DD-Avivage WN	Zschimmer & Schwarz
Durchspülöl SST	Farbwerke Hoechst
Weipert Avivage	Weipert
Duron Spray*	Hansawerke

* Duron Spray ist ein Spezialmittel zur Herabsetzung elektrostatischer Aufladungen und normalerweise nicht zur Avivierung der Fäden beim DD-Zwirnen bestimmt.

4.22 Zwirnmaschine und Prüfeinrichtungen

Die Zwirnversuche wurden an einer Doppeldraht-Zwirnmaschine Type VTS 07 (Baujahr 1965) der Firma Volkmann & Co im Vorführraum dieser Firma vorgenommen. Alle weiteren Untersuchungen konnten in den Räumen des Instituts für textile Meßtechnik durchgeführt werden.

Vor Beginn der Zwirnversuche wurden die Vorlagespulen mehrere Wochen im klimatisierten Keller gelagert. Bei allen Versuchen an den rohweißen Materialien wurden im Raum 22°C und 67% rel. Luftfeuchtigkeit gemessen. Für die entsprechenden Versuche an den gefärbten Garnen gelten die Werte 18°C und 85% rel. Luftfeuchtigkeit.

Einzelheiten über die gewählten Maschineneinstellungen gehen aus der folgenden Aufstellung hervor:

Spindelgeschwindigkeit:	7500 und 9000 U/min
Lieferung:	23 und 28 m/min
Voreilung:	33%

Bei den Fadenbremsen in den Spindeln der »VTS 07« handelt es sich um Druckbremsen, die Fadenabwicklung von der Vorlagespule verläuft über einen einarmigen Zwirnflügel. Die Spindel wird, wie bei den meisten Doppeldrahtmaschinen üblich, über einen Tangentialflachriemen angetrieben. Zur Herabsetzung der Aufwindespannung dient eine Abzugswalze, die Aufwindung selbst erfolgte hier in Form von konischen Kreuzspulen.

Die Maschine ist mit runden, eloxierten Ballonbegrenzerblechen ausgerüstet, die konzentrisch zu den Spindelachsen angeordnet sind. In den Versuchen zur Ermittlung des anfallenden Staubes wurden auf die Ballonbegrenzer runde Drahtgitter aufgesetzt, die mit gewirkten Überzügen bespannt waren (Abb. 10). Diese Filtertücher, auf denen sich der Staub niederschlug, wurden nach Ende der Versuche auseinandergeschnitten, ausgebreitet und fotografiert.

Die Zugfestigkeitsprüfungen an Einzelfasern aus den Gespinsten bzw. Zwirnen wurden mit einem Faser-Zugprüfgerät vom Typ Fafegraph der Firma Textechno durchgeführt. Für entsprechende Untersuchungen an Gespinsten und Zwirnen kam ein vollautomatisches Reißgerät der Firma Zellweger (»Uster-Dynamometer«) zum Einsatz.

Weiterhin wurden Reibversuche an den Fäden mit einer eigens dafür aufgebauten Einrichtung gemacht. Als Basis dient eine »Frenzel-Hahn-Universalgarnprüfmaschine«, auf die eine von einem regelbaren Gleichstrommotor angetriebene Reibscheibe aufgebaut ist. Eine Prinzipskizze bringt die Abb. 11. Zur Konstanthaltung der Vorspannung, die bei Reibungsprüfungen von besonderer Wichtigkeit ist, wird der Faden zunächst durch ein Lieferwalzenpaar und anschließend über eine freischwebend in den Fadenlauf eingeordnete, gewichtsbelastete Vorspannrolle geführt. Danach folgt die Umschlingung der Reibscheibe, die gegen die Fadenlaufrichtung angetrieben wird, und mit der Reibgeschwindigkeiten bis zu 4000 m/min zu erreichen sind. Der Meßkopf ermittelt die wirksamen Fadenzugkräfte. Von dem Abzugswalzenpaar der Prüfmaschine mit konstanter Geschwindigkeit abgezogen wird das Material dahinter durch eine elektromotorische Fadenwinde unter konstanter Spannung aufgewickelt.

Für Scheuerprüfungen an Gewirken, die aus den hergestellten Zwirnen angefertigt wurden, fand ein Gerät der Firma Frank Verwendung. Dieses gestattet eine zweidimensionale Scheuerbeanspruchung, wobei die Probe gegen das Scheuermittel – einem Sandpapierstreifen – mit definiertem Anpreßdruck anliegt. Mittels eines Vorwahlzählwerkes läßt sich die Zahl der Scheuerzyklen auf einen bestimmten Wert einstellen.

Für Biegeprüfungen an Einzelfasern stand ein Gerät vom Typ Sinus der Firma Metrimpex für die gleichzeitige Überprüfung von zehn nebeneinander eingespannten Fasern zur Verfügung.

4.23 Zwirnversuche

Bei den Zwirnversuchen mit 7500 Spindeltouren/min an rohweißen Garnen, die den Einfluß der Präparationen zeigen sollten, waren je Avivage drei Spindeln der Zwirnmaschine, bei den Versuchen mit 9000 U/min jeweils nur eine Spindel pro Avivage belegt. In den Untersuchungen mit gefärbten Materialien wurden sechs Spulen je Partie vorgelegt. Die Vorlagespulen waren annähernd volle, konische Fachkreuzspulen. Die Versuchsdauer betrug einheitlich 2 Stunden, die Drehung des Zwirns Z 650/m.
Während beim Arbeiten mit gefärbtem Garn eine Spindelgeschwindigkeit von 7500 U/min nicht überschritten werden konnte, kam beim Zwirnen des rohweißen Materials auch eine Geschwindigkeit von 9000 U/min zur Anwendung. Vor Beginn jedes neuen Versuches wurde der Ballonbegrenzer mit einem organischen Lösungsmittel von den Ablagerungen des Zwirns gereinigt, um immer gleiche Voraussetzungen zu gewährleisten. Die Speicherung an der Speicherscheibe war auf etwa 270° eingestellt.

4.24 Bestimmung des Staubanfalls

Für das Auffangen des Staubes der rohweißen Garne wurden dunkle Filtertücher verwandt. Bei den gefärbten Materialien erwies es sich als notwendig, neben weißen Tüchern zusätzlich dunkle zu verwenden, da der Abrieb dieser Garne eine helle Komponente enthielt. Für die im folgenden gezeigten Fotografien wurde jeweils eins aus den vorhandenen drei (rohweiße Materialien 7500 U/min) bzw. sechs (gefärbte Materialien) Filtertüchern ausgewählt, das als repräsentativ für den gesamten Versuch angesehen werden kann.

4.241 Rohweiße Materialien

Die Ergebnisse von Zwirnversuchen mit den rohweißen Garnen 1 und 7, die den Einfluß der Spindelgeschwindigkeit und der verschiedenen eingesetzten Avivagen (Auflagemenge 0,8–1%) aufzeigen, sind in den folgenden Abb. 12–15 wiedergegeben. Für die nicht avivierten Garne ergibt sich eine Zunahme des Abriebs bei Steigerung der Spindeldrehzahl von 7500 auf 9000 U/min besonders deutlich im Falle des Polyestermaterials. Dagegen staubt – offenbar auf Grund des Einflusses der Wollkomponente – das Mischgespinst bei der höheren Geschwindigkeit nur wenig mehr.
Gemäß Abb. 12 bringen die meisten Avivagen eine sehr starke Reduzierung des Abriebs, während sich Duron Spray als völlig wirkungslos erweist. Die gleiche Erkenntnis gilt auch für die Versuche bei 9000 U/min (Abb. 13), wobei die Weipert Avivage gegenüber anderen Präparationen wie Monopolavivage DD geringfügig in ihrer Wirksamkeit abfällt.
Bei den Mischgespinsten (Abb. 14, 15) ist der Einfluß der Präparation weniger auffallend. Dabei wird erkennbar, daß die Avivagen auf Polyester und Wolle einen verschiedenen Einfluß besitzen. Beispielsweise ist die DD-Avivage WN erheblich schlechter als bei den Polyestergarnen (Abb. 13), wobei der hier anfallende grobflockige Staub größtenteils aus Wolle besteht.
Bei den Versuchen an dem Mischgespinst fällt auf, daß eine völlige Beseitigung der Staubentwicklung im Gegensatz zu den Untersuchungen am reinen Polyester nicht möglich ist.
Zusammenfassend läßt sich zu den Versuchen an rohweißen Materialien sagen, daß die Aufbringung von Avivagen eine verhältnismäßig starke Reduzierung des Abriebs ermöglicht. Als am wirksamsten erweisen sich hier Monopolavivage DD, DD-Avivage ZSM und DD-Avivage ZO.

4.242 Gefärbte Materialien

Wie schon erwähnt, konnten Zwirnversuche an gefärbten Materialien wegen der starken Staubbildungen nur bei 7500 U/min durchgeführt werden. Abb. 16 zeigt zunächst Filtertücher aus den Untersuchungen an dunkelblau gefärbten Polyestergarnen. Abb. 17 gilt für dieselben Messungen, wobei dunkle Filtertücher Verwendung fanden, die auch die helle Komponente des Abriebs sichtbar werden lassen.

Bei diesen nicht nachavivierten Materialien bleiben die Unterschiede in der Staubbildung geringfügig, obwohl die verschiedenen Behandlungen der Garne im Hinblick auf Färbung, Nachbehandlung und Präparationen ein stark voneinander abweichendes Verhalten erwarten lassen sollten. Es ist hier zu erkennen, daß die Verunreinigung, die durch das Färben auf der Oberfläche des Fadens verbleibt, zusammen mit der Präparation beurteilt werden muß. Offenbar besteht die Möglichkeit, daß Avivagen in Gegenwart von Farbverunreinigungen keine Verbesserung ergeben bzw. zu einem negativen Effekt führen. Aus diesem Grunde schneidet das unpräparierte Garn (Nr. 6) in Abb. 16, 17 gegenüber dem entsprechenden mit Leomin KP avivierten Material (Nr. 5) besser ab.

Ein wiederum verändertes Bild bieten Staubproben der vor dem Zwirnen mit Monopolavivage DD (Auflagemenge 1%) nachavivierten, kammzuggefärbten Polyestergarne (Abb. 18). Offenbar verträgt sich diese Avivage, die sich bei den Versuchen am rohweißen Material durchweg vorteilhaft auswirkte, weder mit dem auf dem Faden verbleibenden Rückstand der normalen reduktiven Nachbehandlung (Nr. 4 A), noch mit den Salzrückständen der schlechten reduktiven Nachbehandlung in Gegenwart von Leomin KP (Nr. 5 A). Dagegen ist das Zusammenwirken von Monopolavivage DD mit Leomin KP bei dem normal reduktiv nachbehandelten (Nr. 3 A), mehr noch mit den Salzrückständen (Nr. 6 A) auf dem Garn, eindeutig günstig zu beurteilen.

Das unpräparierte kreuzspulgefärbte Material zeigt demgegenüber eine mittlere Staubentwicklung.

Diese zunächst widersprüchlich erscheinenden Deutungen dürften klarmachen, mit welchen Schwierigkeiten Aussagen verbunden sind, wie sich ein vorliegendes Material mit einer bestimmten Behandlung und Avivage beim Doppeldrahtzwirnen bezüglich der Staubbildung verhalten wird. Dies gilt ebenso für die mit den Abb. 19–21 gezeigten Mischgespinste.

Die Polyesterfasern sind darin dunkelblau gefärbt, die Wollfasern rot, so daß eine Unterscheidung der Staubanteile auf Grund visueller Eindrücke möglich wird. Die Bezeichnung blau-rot beispielsweise bedeutet ein Überwiegen des blauen Staubanteils, blau-rot ein noch stärkeres Überwiegen von blau. Bei den nicht nachavivierten Materialien fällt besonders der starke Abrieb des kammzuggefärbten, schlecht reduktiv nachbehandelten Zwirnes (Nr. 11) auf, der sich hauptsächlich aus Anteilen der Polyesterfasern zusammensetzt. In Übereinstimmung mit Probe Nr. 5 in Abb. 16, 17 bzw. Nr. 5 A in Abb. 18 ist hier zu folgern, daß sich die Rückstände der schlechten reduktiven Nachbehandlung und Leomin KP gegenseitig stark stören. Dagegen zeigen Färberückstände (Nr. 10), auch in Gegenwart von Leomin KP (Nr. 9), sowie Rückstände der reduktiven Nachbehandlung (Nr. 12) ein Erscheinungsbild, das einer guten Präparation entspricht. Auch das Ergebnis bei kreuzspulgefärbten Garnen ist als relativ gut zu bezeichnen.

Es fällt auf, daß die normal reduktiv nachbehandelten Garne ein stärkeres Stauben des Wollanteils zeigen, während die anderen Versuche ein Überwiegen der blauen Polyesterkomponente ergeben.

Nachavivieren mit Monopolavivage DD (Abb. 21) verändert die Situation insofern, als der negative Einfluß beim Zusammenwirken von Leomin KP und reduktiver Nachbehandlung (Nr. 11 A) weitgehend kompensiert wird. Selbst das Verhältnis der Anteile kehrt sich hier zuungunsten der Wolle um. Es ergeben sich etwas geringere Staubmengen, abgesehen von dem normal reduktiv nachbehandelten Garn (Nr. 10A), bei dem ein negativer Effekt aus dem Zusammenwirken von Färberückstand und Monopolavivage DD zu verzeichnen ist. Dies steht in Übereinstimmung mit den Staubproben Nr. 3A und 4A in Abb. 18.

Insgesamt entsteht der Eindruck, daß Polyester/Wolle-Mischgespinste gegenüber den reinen Polyestergarnen eine verringerte Neigung zum Stauben besitzen. Gefärbte und präparierte Polyestergarne stauben stärker als die in Abschnitt 4.241 beschriebenen rohweißen, während gefärbte Mischgespinste eher eine umgekehrte Tendenz aufweisen. Trotz der bereits erwähnten Widersprüche zwischen den verschiedenen Beobachtungen muß doch bei Betrachtung der gesamten Ergebnisse festgestellt werden, daß sowohl bei rohweißen als auch bei gefärbten Garnen die Präparierung vor dem Zwirnen eine Verringerung der Staubbildung bewirkt. Die Versuche beweisen aber auch, daß sehr differenzierte Unterschiede zwischen den verschiedenen Präparationsmitteln bestehen, die genau beachtet werden müssen. Außerdem zeigt sich, daß gewisse Färbefehler von einer Präparation nicht überdeckt werden können.

4.243 Nummernverfeinerung

In den Fällen, in denen die Staubmengen sehr groß waren, mußte mit einer meßbaren Verfeinerung des Garntiters gerechnet werden. Es lag daher nahe, neben der visuellen Beurteilung des Abriebs auf den Filtertüchern zu weiteren diesbezüglichen Meßwerten durch Nummernbestimmungen an den Zwirnen zu gelangen. Eine direkte Gegenüberstellung der Nummer des Ausgangsmaterials und der des daraus erzeugten Zwirnes stößt allerdings auf gewisse Schwierigkeiten, da natürlich – infolge der Einzwirnung und möglicher plastischer Verformungen während des Zwirnprozesses – die Länge des Gespinstes nicht mit der des Zwirnes vergleichbar ist. Die Untersuchungen beschränkten sich daher darauf, Unterschiede zwischen den Zwirnen, die aus den verschiedenen Materialien unter Verwendung von Monopolavivage DD bzw. ohne Avivage hergestellt waren, festzustellen. Dabei ist zu berücksichtigen, daß die bereits im Gespinst vorhandenen Nummernschwankungen nicht eliminiert werden können. So wäre also beispielsweise denkbar, daß ein ohne Avivage gefertigter Zwirn gegenüber dem Zwirn mit Avivage des gleichen Gespinstes zwar infolge des Abriebs ein Feinerwerden des Titers zeigt, daß dieser Effekt aber zumindest zum Teil durch eine entsprechend entgegengesetzte Nummernschwankung des Ausgangsmaterials wieder kompensiert wird.

Bei der Durchführung der Versuche zur Nummernbestimmung kam es darauf an, die Längenmessung der zu wiegenden Garnstücke unter völlig gleichbleibenden Bedingungen durchzuführen. Für diesen Zweck wurde eine »Frenzel-Hahn-Universalgarnprüfmaschine« eingesetzt und der Faden über das Vorlaufgerät in die Einzugswalzenanordnung geführt. Aus der Zahl der Umdrehungen der Einzugswalze ließ sich die Länge des durchgelaufenen Materials mit großer Genauigkeit ermitteln. Dem Vorlaufgerät kam dabei die Aufgabe zu, dem einlaufenden Faden eine konstante Vorspannung zu vermitteln, um die auftretenden Längenänderungen möglichst gering und in allen Versuchen gleich zu halten. Der auf der Haspel der Maschine aufgewundene Zwirn war anschließend abzunehmen und zu wiegen. Zu jedem Material wurden 10 Fadenstücke von je 100 m Länge abgemessen.

Die Versuchsergebnisse sind in Abb. 22 dargestellt. Daraus ist die eindeutige Tendenz zu entnehmen, daß Zwirne, die unter Verwendung von Avivage hergestellt wurden, einen geringeren Substanzverlust bzw. eine gröbere Nummer aufweisen. Allerdings sind die Größenordnungen der Nummernunterschiede nicht in allen Fällen mit den Beobachtungen der angefallenen Staubmengen zu vergleichen. Beispielsweise ist die Staubentwicklung beim Zwirnversuch mit dem Material Nr. 1 und bei 9000 Spindeltouren ohne Avivage außerordentlich stark, während die Verwendung der Monopolavivage DD diese Erscheinung wesentlich reduziert. Die entsprechenden Nummernbestimmungen zeigen dagegen nur eine geringfügige Abweichung. Diese und ähnliche Differenzen wie auch die Diskrepanz zwischen den Titer- und den Staubmessungen an Nr. 10 und 10 A dürften demnach auf die schon eingangs erwähnten entgegengesetzt wirkenden Nummernschwankungen des Ausgangsgespinstes zurückzuführen sein.

4.25 Analyse der Staubzusammensetzung

Bei der chemischen Analyse der Staubzusammensetzung, die von der Firma Farbwerke Hoechst AG durchgeführt wurde, galt es, quantitativ die Anteile an Präparationen und Farbstoffen sowie Oligomeren, bei den Mischgespinsten auch die der Wolle, von denen der Polyesterfasern zu trennen. Dazu wurden zunächst die Präparationen mit Methanol abgelöst. Oligomere und Farbstoffrückstände lassen sich mit Methylenchlorid beseitigen. Polyester schließlich ist in Phenol/Tetrachloräthan, Wolle in Natronlauge löslich.

In der nachfolgenden Tab. 2 sind die Ergebnisse dieser Untersuchungen wiedergegeben. Die Staubproben entstammen den in den vorigen Abschnitten beschriebenen Zwirnversuchen, wobei wegen der größeren angefallenen Staubmengen nur solche Materialien auszuwählen waren, die nicht zusätzlich eine Nachavivierung erfahren hatten. Von den rohweißen Garnen wurden ausschließlich Staubproben der mit 9000 U/min gezwirnten Materialien analysiert. Weiterhin wurde auf eine Untersuchung der Garne mit den lfd. Nummern 4, 6, 10 und 12, die sämtlich keinen Auftrag mit Leomin KP besaßen, verzichtet.

Der Anteil der in Methanol und Methylenchlorid löslichen Substanzen hält sich in der Größenordnung von ca. 3%. Da bei den Proben Nr. 7, 8 und 11 keine davon wesentlich abweichenden Resultate zu erwarten waren, wurde diese Bestimmung hierbei ausgelassen. Die Mengen an Präparationen, Farbstoffrückständen und Oligomeren schlagen sich daher in den Zahlenwerten für Polyester nieder.

Von besonderem Interesse ist die Auftrennung der verschiedenen Fasersubstanzen bei den Mischgespinsten. In den Proben Nr. 7 und 8 fällt besonders der hohe Anteil an Wolle auf. Das Ergebnis für Nr. 8 deckt sich mit der visuellen Beurteilung der Staubfarbe für die mit Abb. 19 bzw. 20 wiedergegebenen Staubmengen. Dagegen weisen die kammzuggefärbten Garne einen weit überwiegenden Anteil an Polyester im Abrieb auf. Dies steht mit der Farbkennzeichnung in den Abbildungen für den Fall des Materials Nr. 11 in Übereinstimmung, während sich für Nr. 9 ein auffallender Widerspruch ergibt.

In diesem letzteren Fall ist zu vermuten, daß der Eindruck einer stärkeren Rotfärbung von einem besonders starken Niederschlag an Farbstoffstaub herrührt, der in der Betrachtung der Mengenverhältnisse der Fasermaterialien aber keine Rolle spielt. Unter diesem Gesichtspunkt ist natürlich die ganze visuelle Beurteilung der Staubfarbe etwas problematisch.

Die übliche Ansicht, nach der in Polyester/Wolle-Mischgespinsten das Synthetikmaterial vorwiegend für die Staubbildung verantwortlich ist, konnte mit den Analysen nicht bestätigt werden. Offenbar nehmen hierauf auch vorausgegangene Behandlungen wie das Färben einen Einfluß. An anderer Stelle wurde gezeigt, daß bei Verwendung verschiedener Zwirnavivagen die prozentualen Anteile von Wolle und Polyester im Staub beträchtlich variieren können [20].

Zusätzlich zu den chemischen Analysen wurden mikromorphologische Untersuchungen zweier Staubproben vom »Institut für angewandte Mikroskopie, Photographie und Kinematographie« in Karlsruhe durchgeführt. Es handelte sich dabei um Abrieb der Garne Nr. 5 und Nr. 9 – beide kammzuggefärbt und mit Leomin KP, nicht aber mit Monopolavivage DD präpariert – wie er aus den Abb. 16, 17 bzw. 19, 20 ersichtlich ist. Von beiden Proben wurde je eine mikroskopische Aufnahme bei einer Vergrößerung von 380:1 (Abb. 23 bzw. 24) und eine weitere vom feinen Staubanteil mit 700:1 (Abb. 25 bzw. 26) gemacht.

Die Probe Nr. 5 zeigt neben reichlich feinem Material auch zahlreiche großflächige, bizarr ausgelappte und zerrissene Reste von der Epidermis der Polyesterfasern oder ihren Rißflächen, an denen sich noch die blaue Einfärbung erkennen ließ. Auch ist zu beobachten, daß dieser Staub zumindest zum Teil angeschmolzen war, eine Erscheinung, die bei der Verwendung geeigneter Avivagen zu vermeiden sein dürfte. Der feine Anteil des Polyesters (Abb. 25) ist der übliche Staub, der sich an der Doppeldrahtmaschine durch mechanische Reibungs- und Schlagbeanspruchung vom Faden ablöst und der mit »Fasersplitter« bezeichnet werden kann.

Die Probe Nr. 9 war in ihrem mikroskopischen Gesamtbild wesentlich einheitlicher. Großflächige und plattenartig abgerissene Faserreste waren nur vereinzelt vorhanden, dagegen konnten zahllose schuppige Partikelchen, fibrilläre Absplißungen und Cuticula-Abschilferungen an den Wollfasern festgestellt werden, die sich als solche mittels der Pauly-Reaktion durch eine starke Rotfärbung nachweisen ließen. Abb. 24 zeigt einen offensichtlich bei höherer Temperatur abgeschmolzenen Faserstummel. Ob diese Wärmebeanspruchung beim Zwirnen oder bereits bei einem früheren Arbeitsprozeß, beispielsweise durch einen erhitzten Läufer an der Spinnmaschine, erfolgte, läßt sich natürlich nicht mit Sicherheit sagen. Allgemein ist für beide Proben festzustellen, daß der Staub fast ausschließlich amorpher Natur war. Der anteilige Mineralstaub war sehr gering, ebenso die vorhandenen winzigsten Holzteilchen, Stärkekörner und gequollenen Stärkesubstanzen.

Als mengenmäßig geringfügig sind auch die winzigen, nahezu strukturlosen Teilchen zu bezeichnen, die sich bei der Anfärbung mit Sudan-III-Lösung als Fett- oder Ölbestandteile identifizierten. Etwa 85–90% des feinen Staubes bestanden aus zerquetschten, zerrissenen oder abgesplissenen Fasermaterialien.

4.26 Zugprüfungen

Messungen der Reißfestigkeit und der Reißdehnung sollten Auskunft darüber geben, ob die Staubentwicklung beim Zwirnen bzw. die damit verbundene Beanspruchung der Materialien eine merkbare Verschlechterung der Kraft–Dehnungs-Eigenschaften zur Folge haben, und welche Rolle Garnvorbehandlungen wie Färbung und Avivierung dabei spielen. Zugversuche wurden daher an den Gespinsten und Zwirnen sowie an daraus entnommenen Fasern durchgeführt.

4.261 Einfluß der Färbung auf das Gespinst

Die Ergebnisse der Zugprüfungen an den Gespinsten sind in Abb. 27 wiedergegeben. Auf eine Messung der Garne Nr. 3, 5, 9 und 11 wurde hier verzichtet. Reißkraft- und Reißlängenwerte weisen gleiche Tendenzen auf, da die Nummernschwankungen der untersuchten Garne im normalen Rahmen bleiben. Demnach besitzt jeweils das ungefärbte Material die höchste Festigkeit, wobei sich der Unterschied gegenüber den gefärbten besonders ausgeprägt beim reinen Polyestergarn zeigt. Die Abstufung der Festigkeitswerte bei Polyester zwischen den verschieden gefärbten Materialien wiederholt sich nicht bei dem Mischgespinst, so daß es schwierig sein dürfte, eine allgemein gültige Erklärung dafür zu geben.

Aus den Werten für die Reißdehnung läßt sich ebenfalls keine einheitliche Tendenz ablesen, die Schwankungen sind also auf das Zusammenwirken verschiedener, hier nicht berücksichtigter Einflüsse zurückzuführen.

4.262 Einfluß von Färbung, Spindelgeschwindigkeit und Avivage auf den Zwirn

Bei der Betrachtung der Reißfestigkeiten der Zwirne in Abb. 28 fällt auf, daß sich durch den Auftrag von Avivage vor dem Zwirnen nicht nur die Staubentwicklung reduzieren, sondern auch in allen Fällen die Zwirnfestigkeit erhöhen läßt. Dies wird besonders deutlich an dem mit der höheren Geschwindigkeit verarbeiteten Material 1.

Auf der anderen Seite besteht keine eindeutige Parallele zwischen der Größe der Staubreduzierung und der Festigkeitserhöhung. Beispielsweise staubte das avivierte Garn Nr. 10 stärker als das nichtavivierte, während beide bei der Zugprüfung etwa gleiche Reißkräfte ergaben. Einen Hinweis dazu gibt die visuelle Bestimmung der Staubzusammensetzung nach der Farbe (vgl. Abschnitt 4.24), aus der hervorgeht, daß die Anteile von Wolle und Polyester beim Zwirnen mit und ohne Avivage nicht immer gleich bleiben. Wird vorausgesetzt, daß die beiden Komponenten im Mischgarn verschiedene Beiträge zur Festigkeit leisten, so ist bei unterschiedlicher Schädigung dieser Komponenten zu erklären, daß der Rückgang der Reißfestigkeit nicht in einem direkten Zusammenhang mit der Erhöhung des Staubanfalls steht.

Die an die Festigkeitsprüfungen angeschlossenen Nummernbestimmungen an den gerissenen Fadenstücken sind ebenfalls in Abb. 28 wiedergegeben. Die Unterschiede zwischen den Zwirnen, die mit und ohne Avivagen hergestellt wurden, zeigen sich zum Teil noch stärker als in den vergleichbaren Untersuchungen des Abschnitts 4.243. Auch hier wird wieder deutlich, daß die Verwendung der Avivage ein Feinerwerden der Nummer weitgehend verhindert. Eine Ausnahme bilden die Materialien 10 und 10 A, bei denen in Übereinstimmung mit den Staubuntersuchungen in 4.241 und im Gegensatz zu den Nummernbestimmungen in 4.243 ein geringfügig negativer Effekt der Avivage zu beobachten ist.

Die Reißlängenwerte der Zwirne setzen sich aus den Werten für die Reißkräfte und Nummern zusammen und geben deshalb keine zusätzlichen Auskünfte.

Interessanterweise zeigen auch die Reißdehnungen der Zwirne im allgemeinen einen Rückgang, wenn keine Avivage vor dem Zwirnprozeß aufgetragen wurde. Da in diesem Fall während der Verarbeitung größere Reibkräfte auftraten, ist offenbar eine stärkere plastische Verformung infolge der erhöhten Fadenzugkraft für die Reduzierung der Reißdehnung verantwortlich. Die Verformung dürfte von einer gleichzeitigen stärkeren Erwärmung des thermoplastischen Materials in der Ballonzone begünstigt worden sein [25]. Andererseits verhinderte die folgende Abkühlung des Fadens eine Rückverformung im Bereich zwischen Voreilrolle und Aufwindespule.

4.263 Einfluß der Färbung und des Zwirnprozesses auf die Einzelfaser

Um Zugprüfungen durchführen zu können, mußten die Einzelfasern aus dem Gespinstverband der Garne bzw. Zwirne herausgelöst werden. Die Untersuchungen an Fasern aus den Mischgespinsten beschränkten sich auf die Wollkomponente. Bei der Probenauswahl war darauf zu achten, daß die Fasern möglichst gleichmäßig verteilt über den gesamten Fadenquerschnitt entnommen wurden. Die Messungen wurden nur an den Materialien 1, 4, 7 und 10 vorgenommen.

Der Einfluß der Färbung äußert sich, wie auch bei den Gespinsten und Zwirnen, in einer geringeren Faserfestigkeit von Nr. 4 gegenüber Nr. 1 bzw. Nr. 10 gegenüber

Nr. 7 (Abb. 29). Dies gilt in etwa gleicher Weise für Fasern aus den Gespinsten wie aus den Zwirnen.

Bei dem Material Nr. 1 ist der Unterschied der Reißkraftwerte zwischen Fasern aus dem Gespinst und solchen aus dem Zwirn (9000 U/min) sowie zwischen den Fasern aus beiden Zwirnen (7500 und 9000 U/min) nach dem t-Test statistisch gesichert. Die entsprechenden Unterschiede für das Material Nr. 7 sind nicht gesichert.

Aus den Bestimmungen der Reißdehnung ergeben sich ähnliche Unterschiede zwischen gefärbten und ungefärbten Materialien nur für die aus dem Gespinst herausgelösten Einzelfasern. Das Färbeverfahren bewirkt hier einen Rückgang der Reißdehnung. Eine entsprechende Tendenz ist bei aus den Zwirnen Nr. 1 und 4 entnommenen Fasern nicht zu beobachten. Dies dürfte darauf zurückzuführen sein, daß beim Verzwirnen der verschiedenen Materialien unterschiedliche Fadenspannungen auftraten, die im einen Fall eine stärkere, im anderen Fall eine geringere plastische Verformung bzw. Reduzierung der Reißdehnung zur Folge hatten.

4.27 Reibungsprüfungen an Gespinsten

Die wesentliche Ursache für den Abrieb des Fadens beim Doppeldrahtzwirnen ist die Reibungsbeanspruchung zwischen dem Fadenballon und dem Ballonbegrenzer. Wie aus den in den vorigen Kapiteln geschilderten Messungen eindeutig hervorgeht, läßt sich diese Beanspruchung durch Aufbringen geeigneter Avivagen, d. h. durch Herabsetzen des Reibungskoeffizienten, zum Teil beträchtlich verbessern. Es lag daher nahe, durch Reibungsprüfungen zu untersuchen, ob Parallelen zwischen der Größe des Reibungskoeffizienten Zwirn-Metall und der beobachteten Staubentwicklung bestehen. Die verwendete Versuchseinrichtung, die bereits in 4.22 beschrieben wurde, gestattet Reibgeschwindigkeiten zwischen Faden und Reibscheibe bis zu 4000 m/min. Zum Vergleich sei als Beispiel aufgeführt, daß die Umfangsgeschwindigkeit des Fadenballons in der Doppeldrahtmaschine bei einer Tourenzahl von 7500 U/min und einem Ballonbegrenzerdurchmesser von 200 mm ca. 4700 m/min beträgt. Allerdings besteht insofern ein Unterschied, als in der Versuchsanordnung der Faden in Richtung seiner Achse beansprucht wird, während die Reibkraft beim Zwirnen annähernd senkrecht dazu wirkt.

Die hier untersuchten Materialien besaßen keine zusätzlichen Avivagen. In der Prüfanordnung wurden die Gespinste mit einer Einlauf-Zugkraft von 10 p unter einem Umschlingungswinkel von 180° und mit einer Geschwindigkeit von 20 m/min um die Reibscheibe geführt. Als Maß für die Größe der Reibung diente die von der Meßeinrichtung hinter der Reibscheibe ermittelte Fadenspannung. Während des Versuchs wurden die Scheibengeschwindigkeiten in folgenden Stufen gesteigert: 0–500–750–1000 m/min. Oberhalb von 1000 m/min erfolgte eine weitere Erhöhung in Schritten von 100 m/min, wobei die obere Grenze durch das Zerreißen des Materials bestimmt war. Jede Prüfgeschwindigkeit wurde 5 Minuten beibehalten.

Die Mittelwerte aller Reibkräfte in Abhängigkeit von der Reibgeschwindigkeit sind mit Abb. 30 wiedergegeben.

Danach differieren die Kurven für die verschiedenen Polyestergarne erheblich. Die Garne Nr. 4 und 6 erreichen bereits bei relativ kleinen Reibgeschwindigkeiten hohe Reibkräfte, während sich die Kurven Nr. 2 und 3 durch einen flacheren Verlauf auszeichnen. Im Hinblick auf die Reibungsbeanspruchung beim Doppeldrahtzwirnen sollte angenommen werden, daß Garne, die wie Nr. 2 und 3 einen wenig mit der Reibgeschwindigkeit anwachsenden Reibungskoeffizienten besitzen, auch nur einen geringen Abrieb erfahren und umgekehrt. Bei den Zwirnversuchen zeigen jedoch die Polyestergespinste Nr. 2 und 4 eine etwa gleiche Staubentwicklung, was dieser Überlegung deutlich widerspricht. Abgesehen von Nr. 1 ergeben auch die anderen Garne (Nr. 3, 5, 6) kaum voneinander abweichende Staubmengen, wohingegen ihre Reibeigenschaften wesentlich differenziertere Resultate erwarten lassen sollten.

Bei den Mischgespinsten liegen die Kurven der Reibkraft dicht beieinander, was ein einheitliches Staubverhalten ergeben sollte. Die Messungen aus Abschnitt 4.24 stehen dazu jedoch im Widerspruch, beispielsweise zeigte das Garn Nr. 11 dort den höchsten Abrieb, während die entsprechende Kurve der Reibkraft nicht aus der Schar der anderen Kurven herausfällt.

Alle diese Beobachtungen weisen darauf hin, daß die Beanspruchung der Fadenmaterialien beim Doppeldraht-Zwirnen verschieden von der in der eingesetzten Prüfeinrichtung ist. Dafür spricht auch die Tatsache, daß die Reibgeschwindigkeit im Versuch, bei welcher der Faden riß, im allgemeinen wesentlich unter der des Fadenballons gegenüber dem Ballonbegrenzer während des Zwirnprozesses ist.

Bei den Untersuchungen wurde festgestellt, daß sich die rotierende Scheibe infolge der Fadenreibung bis auf ca. 40°C erwärmte. Auch diese Erscheinung dürfte einen Einfluß auf das Reibverhalten nehmen.

Deutliche Parallelen zu den Staubversuchen zeigten dagegen Messungen an der Reibscheibe mit Garn (Nr. 1), auf das unterschiedliche Mengen an Avivage aufgebracht waren (Abb. 31). Danach erhöht sich die maximal erreichbare Reibgeschwindigkeit mit zunehmendem Auftrag an Avivage.

4.28 Biegeprüfungen an Einzelfasern

Die im Vorhergehenden beschriebenen Untersuchungen hatten ergeben, daß gefärbte Garne eine stärkere Neigung zum Stauben beim Verzwirnen auf der Doppeldrahtmaschine besitzen als ungefärbte. Eine Parallele zu dieser Erscheinung stellen die Ergebnisse der Zugprüfungen in Abschnitt 4.26 dar, die einen deutlichen Abfall der Reißkraft gefärbter Garne, Zwirne oder Fasern gegenüber ungefärbten zeigen.

Eine genaue Definition der Beanspruchung, die der Faden beim Doppeldrahtzwirnen erfährt, und die sich insbesondere gegen die abstehenden Faserenden an seiner Oberfläche richtet, ist natürlich schwierig. Es kann jedoch angenommen werden, daß es sich dabei im wesentlichen um ein Abscheren bzw. Abknicken der herausragenden Fasern handelt. Diese Vorgänge verlaufen stoßartig, d. h. innerhalb sehr kurzer Zeiten, und sind im Laborversuch nicht ohne weiteres nachzuahmen. Eine direkte Ähnlichkeit zur Biege-Ermüdungsprüfung einer Einzelfaser besteht daher nicht. Trotzdem lag es nahe zu ermitteln, ob die offenbar durch das Färben hervorgerufene Versprödung des Materials auch mit einem solchen Verfahren nachzuweisen ist.

Für die Messungen stand das bereits in Abschnitt 3.22 erwähnte Gerät vom Typ »Sinus« zur Verfügung. Die Versuchsdaten waren

Biegeradius:	0,2 mm
Biegefrequenz:	120 /min
Biegewinkel:	180°
Vorlast:	5 p

Zur Untersuchung kamen Fasern aus dem rohweißen Polyestergarn bzw. -zwirn Nr. 1 sowie aus dem gefärbten Material Nr. 4. Die Meßwerte, d. h. die Mittelwerte der Biegezyklen, nach denen jeweils Faserbruch eintrat, sind im folgenden wiedergegeben:

Partie-Nr.	Gespinst	Zwirn
Nr. 1:	112 500	102 800
Nr. 4:	51 800	62 700

(Stichprobenumfang $N = 70$)

Auch aus diesen Ergebnissen geht also klar hervor, daß die Färbung zu einer Schädigung bzw. zu einer Versprödung der Fasersubstanz führt.

4.29 Scheuerprüfungen an Gestricken

Scheuerprüfungen wurden an Gestricken aus verschiedenen der im Doppeldrahtverfahren ohne Nachavivierung hergestellten Zwirnen durchgeführt. Der Anpreßdruck zwischen Probe und Scheuermittel betrug 300 g, die Scheuerfrequenz 120 Zyklen pro Minute. Als optimal zur Verhinderung von Verschiebungen der Probe erwies sich ein Druck von 0,15 atü im Scheuerkopf. Die Gewichtsverluste infolge des Abriebs wurden durch Wägung bestimmt.

Die Versuchsergebnisse sind mit Abb. 32 wiedergegeben. Jeder Meßwert stellt das Mittel aus Prüfungen an 7 Gestrickproben dar, wobei die einzelne Probe 3000 Scheuerzyklen unterworfen wurde. Die Maschine wurde nach jeweils 100 Zyklen angehalten, um den Abrieb von der Oberfläche des Gestrickes zu entfernen und somit eine bessere Scheuerwirkung zu gewährleisten. Eine solche Maßnahme erwies sich nur bis zum 600. Zyklus als notwendig, oberhalb dieser Grenze konnte die Maschine wegen sehr geringen Staubbildung ohne Halt bis zum Ende der Prüfung durchlaufen.

Das Diagramm zeigt eine klare Abhängigkeit der Gewichtsverluste von den Materialeigenschaften. Bei den ungefärbten Garnen Nr. 1 und 7 erfahren die Gestricke aus den mit 7500 Spindeltouren erzeugten Zwirnen eine stärkere Gewichtsabnahme als die entsprechenden der höheren Zwirngeschwindigkeit. Dies ist so zu erklären, daß durch die höhere Staubbildung bei 9000 U/min der Faden bereits während des Zwirnens mehr der weniger fest gebundenen bzw. außen liegenden Fasern verloren hat als der Zwirn bei 7500 U/min. Im ersteren Fall steht demnach bei der Scheuerprüfung nicht soviel lose Substanz zur Verfügung, die abgerieben werden könnte. Die Ergebnisse dieser Untersuchungen verhalten sich also umgekehrt wie die der Staubmessungen während des Zwirnens.

Ein Auftrag von Leomin KP (Nr. 3, 9) bei den kammzuggefärbten Garnen bringt bezüglich der Staubbildung einen – wenn auch sehr geringen – Vorteil gegenüber denen ohne Präparation (Nr. 4, 10), wie sich am besten aus den Fotos mit dunklem Hintergrund (Abb. 17, 20) erkennen läßt. Wiederum entgegengesetzt sind die Tendenzen der Scheuerprüfung.

Bei den Garnen Nr. 2 und 8 handelt es sich um kreuzspulgefärbte Materialien. Aus der Tatsache, daß der Scheuerversuch an den entsprechenden Proben einen wesentlich höheren Abrieb bringt als an den nach der Zwirnstaubentwicklung vergleichbaren Nr. 3, 4 bzw. Nr. 9, 10, ist zu ersehen, daß die Art des Färbeverfahrens bei dieser Prüfung eine wichtige Rolle spielt.

5. Zusammenfassung

In einer vergleichenden Untersuchung an verschiedenen Zwirnmaschinen sollte zunächst festgestellt werden, welchen Einfluß die Art des Zwirnverfahrens auf verschiedene mechanisch-technologische Eigenschaften des verarbeiteten Garnmaterials insbesondere auf seine Drehungsverteilung nimmt. Für die Arbeiten standen eine normale Ringzwirnmaschine, Zwirnmaschinen nach dem Stufenverfahren und eine

Doppeldraht-Zwirnmaschine zur Verfügung. Bei den untersuchten Materialien handelte es sich um ein Baumwollgarn und ein Polyester/Wolle-Mischgarn. Die Ergebnisse lassen sich wie folgt zusammenfassen:

Durch das Doublieren beim Zwirnen tritt bekanntlich eine Verbesserung der Massengleichmäßigkeit des Zwirns gegenüber dem Ausgangsgespinst ein. Innerhalb der drei Verfahren liegt dabei der Doppeldrahtzwirn mit der kleinsten linearen Ungleichmäßigkeit am günstigsten.

Bezüglich des Kraft–Dehnungs-Verhaltens ergeben sich gleiche Tendenzen beim Baumwoll- und beim Polyester/Wolle-Zwirn. Während in der Reißkraft der Ringzwirn den höchsten und der Zwirn nach dem Stufenverfahren den niedrigsten Wert aufweist, besitzt der Doppeldrahtzwirn die größte und der Ringzwirn die kleinste Reißdehnung. In der Drehungsungleichmäßigkeit zeigen sich nur relativ geringe Abweichungen bei Baumwollmaterial. Im Fall des Polyester/Wolle-Zwirns sind die Variationskoeffizienten der Drehung für das Stufenverfahren zu kleineren Werten hin verschoben, wohingegen das Doppeldrahtverfahren am schlechtesten abschneidet. Von besonderem Interesse ist die Tatsache, daß die Variationskoeffizienten der Drehung für alle Einspannlängen bei dem Polyester/Wolle-Zwirn nahezu das Doppelte derer bei dem Baumwollzwirn betragen. Es läßt sich daraus schließen, daß die Gleichmäßigkeit der Drehungsverteilung im Zwirn möglicherweise eher durch eine entsprechende Wahl des Fasermaterials als durch die Anwendung eines bestimmten Zwirnverfahrens verbessert werden kann.

Im zweiten Teil dieser Arbeit wurden Untersuchungen durchgeführt, die spezielle Probleme des Doppeldrahtzwirnens, insbesondere das der Staubentwicklung, zum Ziel hatten. Die verwendeten Materialien waren hier rohweiße und gefärbte Garne aus Polyester und Polyester/Wolle. Bei der Bestimmung des Zwirnstaubes zeigte sich vor allem für die rohweißen, zum Teil auch für die gefärbten Polyestergarne, daß eine beträchtliche Reduzierung der Staubmenge durch geeignete Avivagen zu erreichen ist. Bei gefärbten Materialien lassen die manchmal widersprüchlich erscheinenden Ergebnisse darauf schließen, daß die Wirkung aufgebrachter Avivagen nur in Verbindung mit dem Färbeverfahren und der Art der Nachbehandlung beurteilt werden kann. Offensichtlich besteht die Möglichkeit, daß Avivagen in Gegenwart von Färbeverunreinigungen keine Verbesserungen ergaben bzw. sogar zu einem negativen Effekt führen.

Analysen des Staubes von gefärbten Polyester/Wolle-Garnen, die gegenüber den gefärbten reinen Polyestergarnen eine verringerte Neigung zum Stauben besaßen, zeigten, daß die vielfach übliche Ansicht, nach der in Polyester/Wolle-Mischgespinsten vorwiegend das Synthetikmaterial staubt, nicht in allen Fällen richtig ist.

Eine Beeinflussung der Kraft–Dehnungs-Eigenschaften und der Nummer der Materialien beim Zwirnen wurde durch einen Vergleich von mit und ohne Avivage erzeugten Zwirnen nachgewiesen. Daraus folgt, daß die Verwendung einer geeigneten Avivage eine Reduzierung von Reißkraft und Reißdehnung sowie ein Feinerwerden der Nummer infolge des Abriebes zum Teil verhindert.

Scheuerprüfungen an Gestricken, die aus den Zwirnen hergestellt wurden, ergaben weiterhin, daß sich bei rohweißen und kammzuggefärbten Materialien die Gewichtsverluste der Proben bei dieser Prüfung umgekehrt wie die entsprechenden Zwirnstaubmengen verhalten. Zur Erklärung dieses Ergebnisses wird angenommen, daß durch eine hohe Beanspruchung beim Zwirnen der Faden bereits den größten Teil der im Querschnitt außen liegenden bzw. vom Faden abstehenden Fasern verloren hat. Bei einer nachfolgenden Scheuerprüfung steht daher weniger lose Substanz zur Verfügung, die abgerieben werden könnte.

6. Danksagung

Die Durchführung der Arbeiten wurde durch eine Forschungsbeihilfe ermöglicht, welche das Landesamt für Forschung Nordrhein-Westfalen für diesen Zweck gewährte. Hierfür sei an dieser Stelle besonderer Dank ausgesprochen.
Zu danken ist weiterhin den Firmen, die dem Institut eine finanzielle, materielle und tätige Unterstützung zuteil werden ließen. Zu nennen sind hier:

   Farbwerke Hoechst AG
   Glanzstoff AG
   Textilmaschinenfabrik Volkmann & Co.
   Tuchfabrik Rheinland
   Chemische Fabrik Stockhausen

Durch die Bereitstellung von Materialien und die Durchführung von Zwirnversuchen haben weiterhin mitgewirkt:

   Kammgarnspinnerei Düsseldorf
   Tuchfabrik Peter Irmen

7. Literaturverzeichnis

[1] KRAWANY, K., Die Doppeldraht-Zwirnmaschine in Verwendung für mittlere und feine Wollgarne. Text.-Praxis **14** (1959), S. 910.
[2] ULLRICH, J., Die Doppeldraht-Zwirnmaschine in der Glatt- und Feinzwirnerei. Spinner, Weber, Textilveredlung **80** (1962), S. 1079.
[3] KORIZKIJ, K. J., Über die Vervollkommnung der Zwirnereitechnik. Text.-Praxis **11** (1956), S. 767.
[4] LANDOLT, C., Doppeldraht-Zwirnspindel. Melliand Textilber. 34 (1953), S. 22, 107, 179.
[5] REINHARDT, O., Spinnerei- und Zwirnmaschinen auf der 3. Internationalen Textilmaschinen-Ausstellung Mailand 1959 (IV). Text.-Praxis **15** (1960), S. 362.
[6] KNOTHE, B., Doppeldraht-Zwirnmaschine. Textil- und Faserstoff-Technik 507 (1953); Zitat: Text.-Praxis **9** (1954), S. 303.
[7] OHNO, J., und T. MATSUMATO, Versuche mit einer Doppeldrahtspindel zum Zwirnen von Kammgarnen. J. Text. Mach. Soc. Japan 40 (1955); Zitat: Text.-Praxis **11** (1956), S. 300.
[8] MICHELITSCH, M., Neues Verfahren zum Zwirnen von Baumwollgarnen auf Doppeldraht-Zwirnspindeln. Melliand Textilber. **40** (1959), S. 839.
[9] MICHELITSCH, M., Rationelle Erzeugung von Mehrfach-Zwirnen aus Wolle, Baumwolle und Fasergemischen. Melliand Textilber. **42** (1961), S. 392.
[10] STEIN, H., Ermittlung der Kraftdehnungseigenschaften von Fasern und Fäden. Spinner, Weber, Textilveredlung **80** (1962), S. 1.
[11] FOURNÉ, F., Fadenspannungen beim Zwirnen. Melliand Textilber. **38** (1957), S. 488, 602.
[12] WEGENER, W., und H. PEUKER, Methoden und Geräte zur Ermittlung von Punkten der Längenvariationskurve CB(L). Text.-Praxis **12** (1957), S. 1183.
[13] STEIN, H., Spinnen und Zwirnen mit reduzierter Fadenspannung. Melliand Textilber. **44** (1963), S. 451.

[14] Gessner, W., und K. W. Rhomberg, Untersuchungen über das Ringspinnen mit unterdrücktem Fadenballon. Text.-Praxis **20** (1965), S. 189.

[15] Lünenschloss, J., und J. G. Helli, Untersuchungen an Doppeldraht- und Ringzwirnmaschinen unter besonderer Berücksichtigung der Drehungsgleichmäßigkeit der Zwirne. Text.-Praxis 20 (1965), S. 193, 290, 379.

[16] Schneider, J., Rationalisierung durch Doppeldraht-Zwirnen. Melliand Textilber. **41** (1960), S. 257.

[17] Lünenschloss, J., Die schlagartige Festigkeitsbeanspruchung und ihre Untersuchung bei verstreckten Textilfäden. Text.-Praxis **16** (1961), S. 182.

[18] Rieber, M., Das Stauben von Fäden bei textilen Verarbeitungsprozessen. Zeitschr. f. d. ges. Textilind. **69** (1967), S. 847.

[19] Rieber, M., Das Zwirnen von Polyestermischgarnen auf Doppeldraht-Zwirnmaschinen. Text.-Praxis **20** (1965), S. 731.

[20] Bauer, K., und K. H. Rehn, Staubverhütung in der Doppeldraht-Zwirnerei. Text.-Praxis **21** (1966), S. 713.

[21] Rösch, M., und S. Pfabe, Zur Avivage für die Hochleistungs-Garnverarbeitung. Spinner, Weber, Textilveredlung **84** (1966), S. 751.

[22] Splittstösser, E., Zwirnverfahren mit besonderer Berücksichtigung der Doppeldraht-Zwirnmaschinen. Chemiefasern **8** (1965), S. 594.

[23] Wegener, W., und G. Probst, Die Längenvariationscharakteristik der Masse und der Drehung. Melliand Textilber. **37** (1956), S. 1374.

[24] Untersuchung der Drehungsverteilung an Zwirnen von Ringzwirnspindeln mit und ohne Spindelaufsätzen. Unveröffentlichter Bericht Nr. 151 des »Institut für textile Meßtechnik Mönchengladbach e. V.«, 1966.

[25] Stein, H., Meßtechnische Untersuchungen über den Einfluß der Erwärmung des Spinn- bzw. Zwirnläufers auf das Fadenmaterial. Zeitschr. f. d. ges. Textilind. **68** (1966), S. 656.

8. Anhang

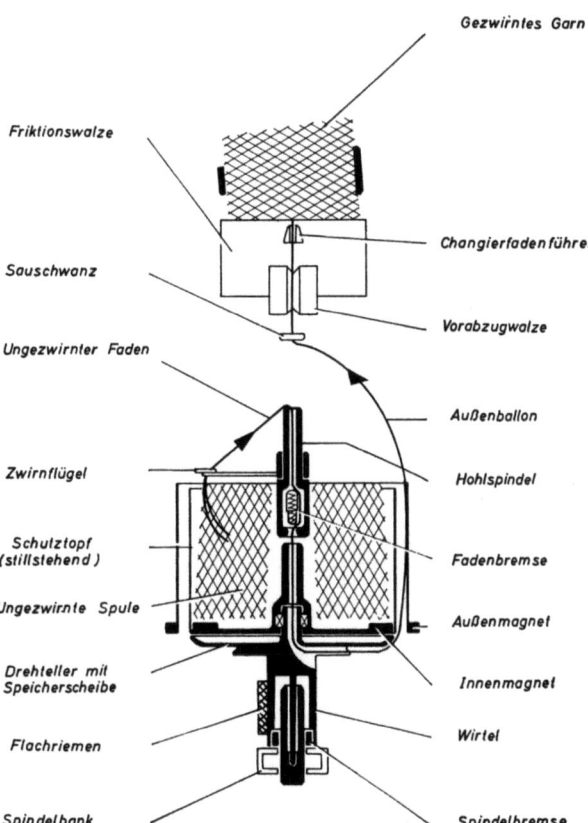

Abb. 1 Doppeldrahtspindel

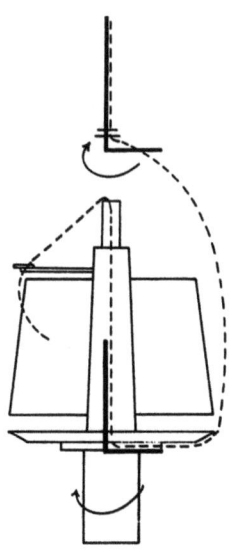

Abb. 2 Entstehung des doppelten Drahtes

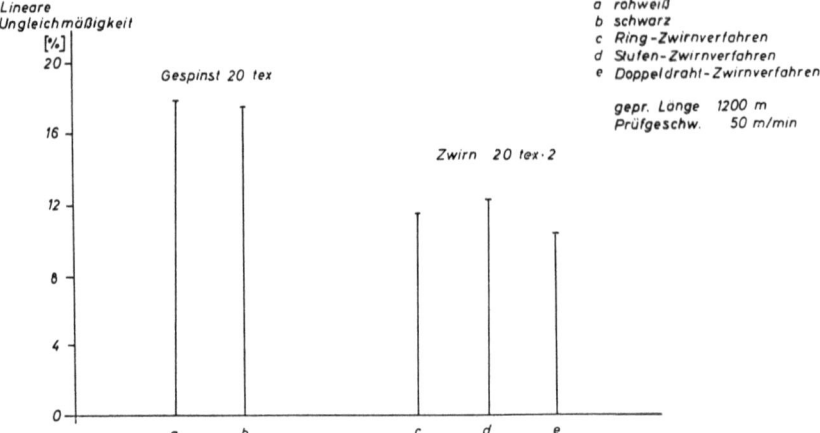

Abb. 3 Einfluß des Zwirnverfahrens auf die Massenungleichmäßigkeit eines Baumwoll-Materials

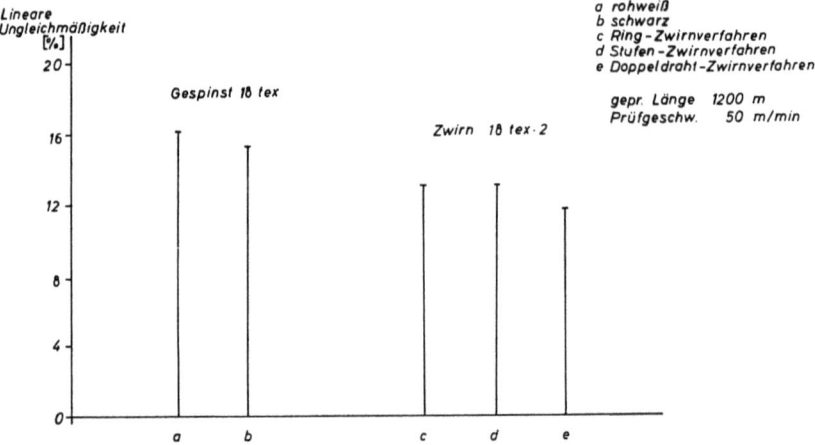

Abb. 4 Einfluß des Zwirnverfahrens auf die Massenungleichmäßigkeit eines 55 Polyester/45 Wolle-Materials

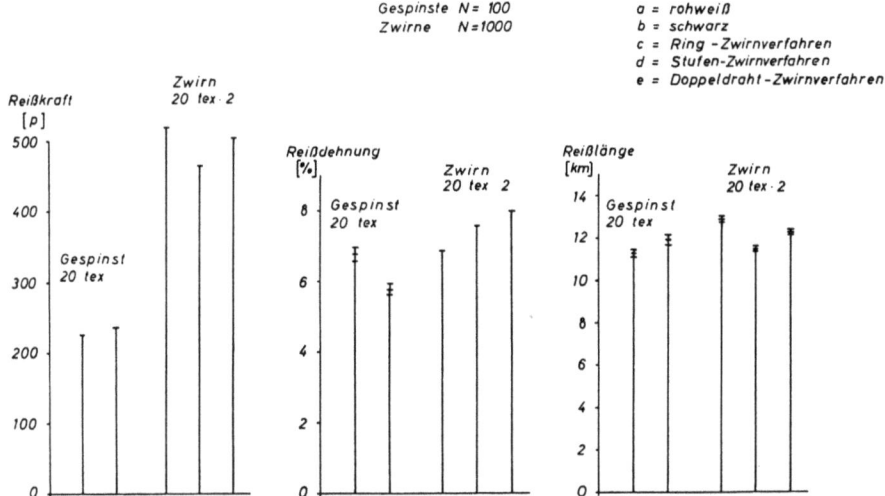

Abb. 5 Einfluß des Zwirnverfahrens auf die Kraft–Dehnungs-Eigenschaften eines Baumwoll-Materials

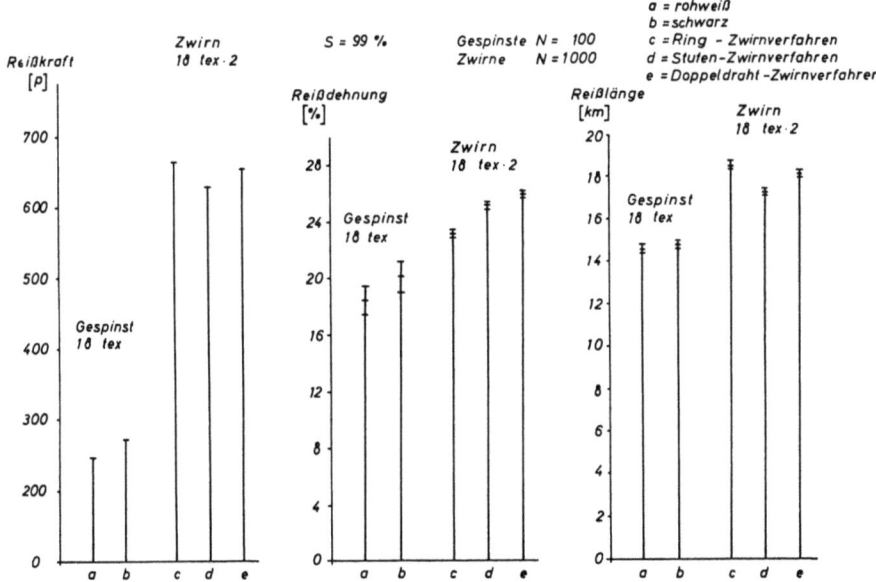

Abb. 6 Einfluß des Zwirnverfahrens auf die Kraft–Dehnungs-Eigenschaften eines 55 Polyester/45 Wolle-Materials

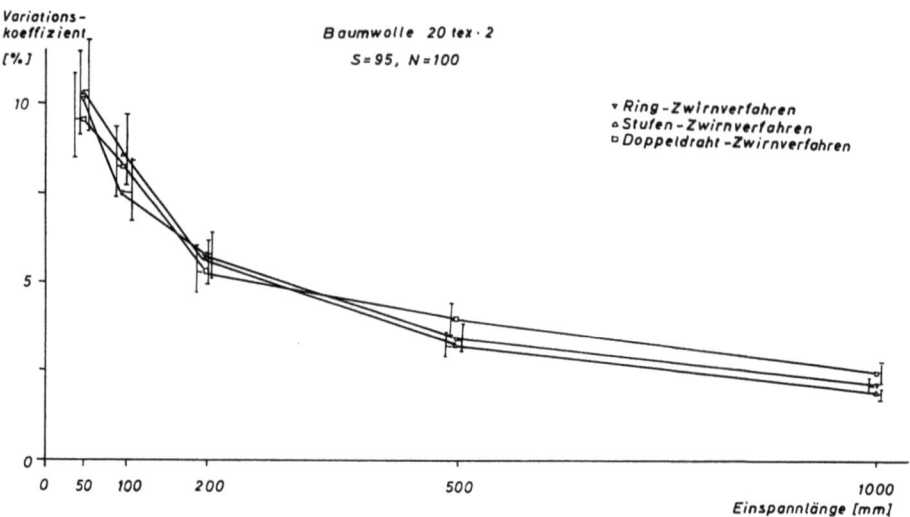

Abb. 7 Längenvariationskurven der Drehung in Abhängigkeit vom Zwirnverfahren

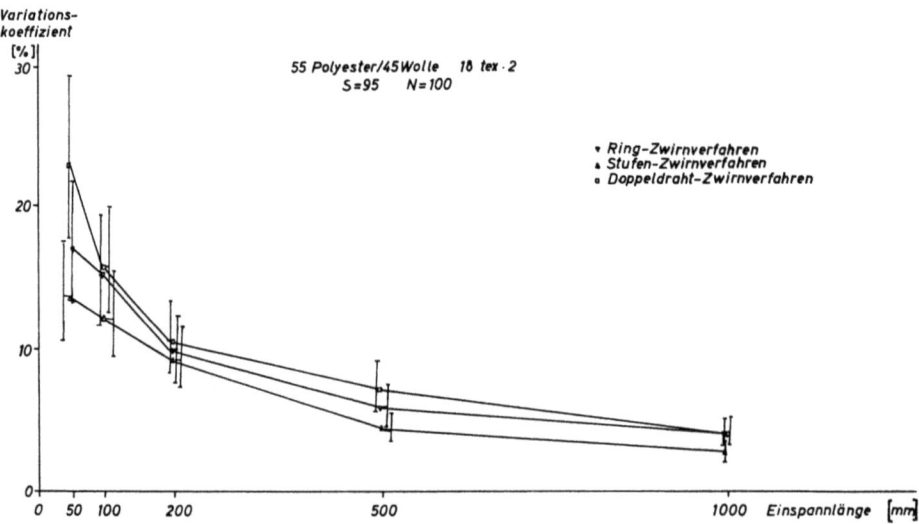

Abb. 8 Längenvariationskurven der Drehung in Abhängigkeit vom Zwirnverfahren

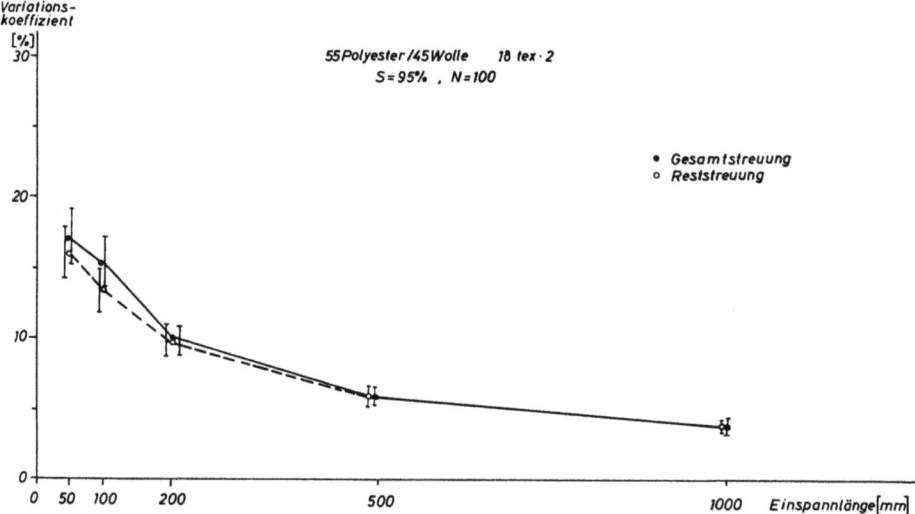

Abb. 9a Einfluß der Nummernschwankung auf die Drehungsverteilung im Zwirn beim Ringzwirnverfahren

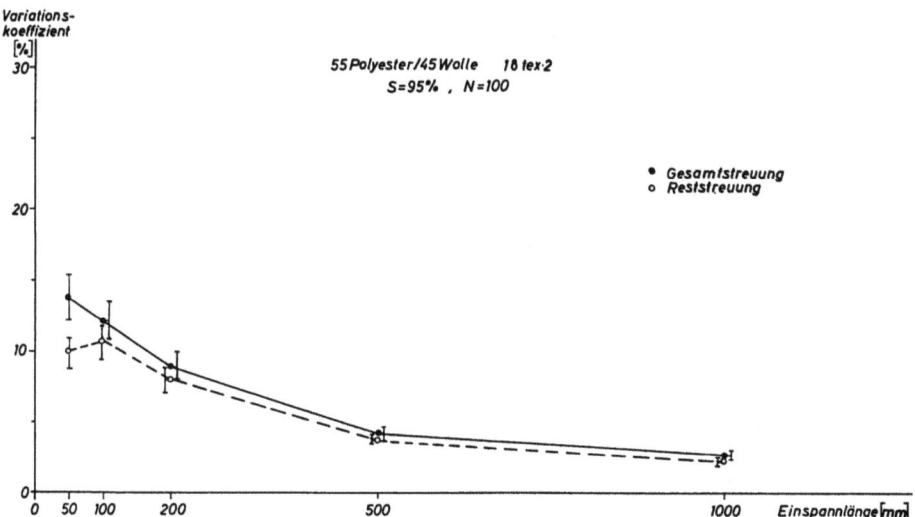

Abb. 9b Einfluß der Nummernschwankung auf die Drehungsverteilung im Zwirn beim Stufen-Zwirnverfahren

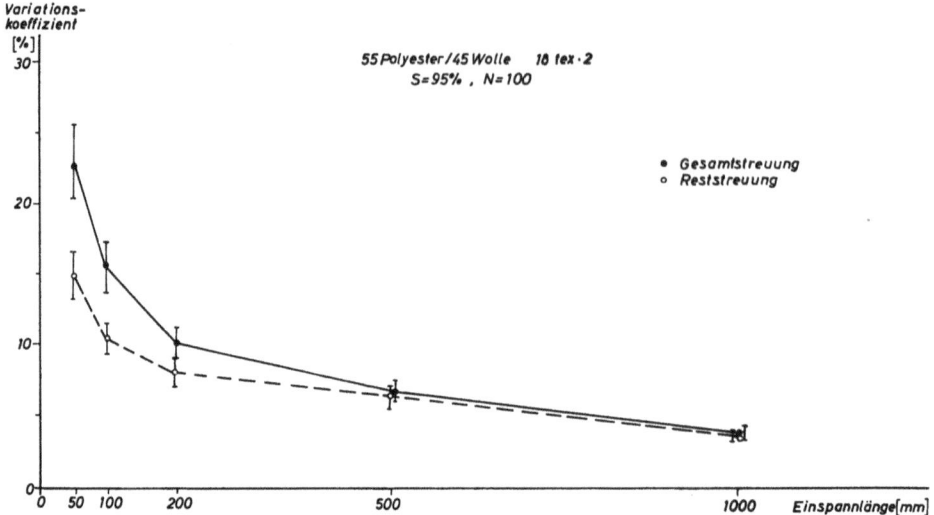

Abb. 9c Einfluß der Nummernschwankung auf die Drehungsverteilung im Zwirn beim Doppeldraht-Zwirnverfahren

Abb. 10 Ballonbegrenzer mit aufgesetztem Filter

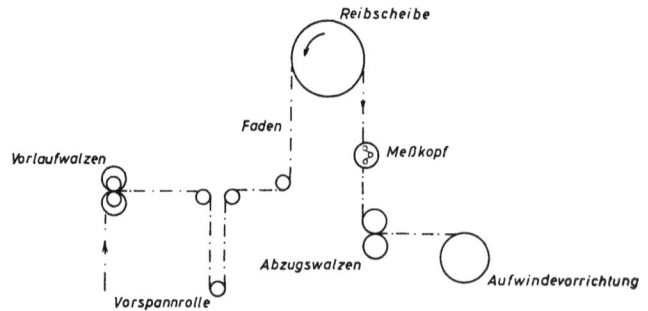

Abb. 11 Reibungsprüfung am laufenden Faden mit rotierendem Reibkörper

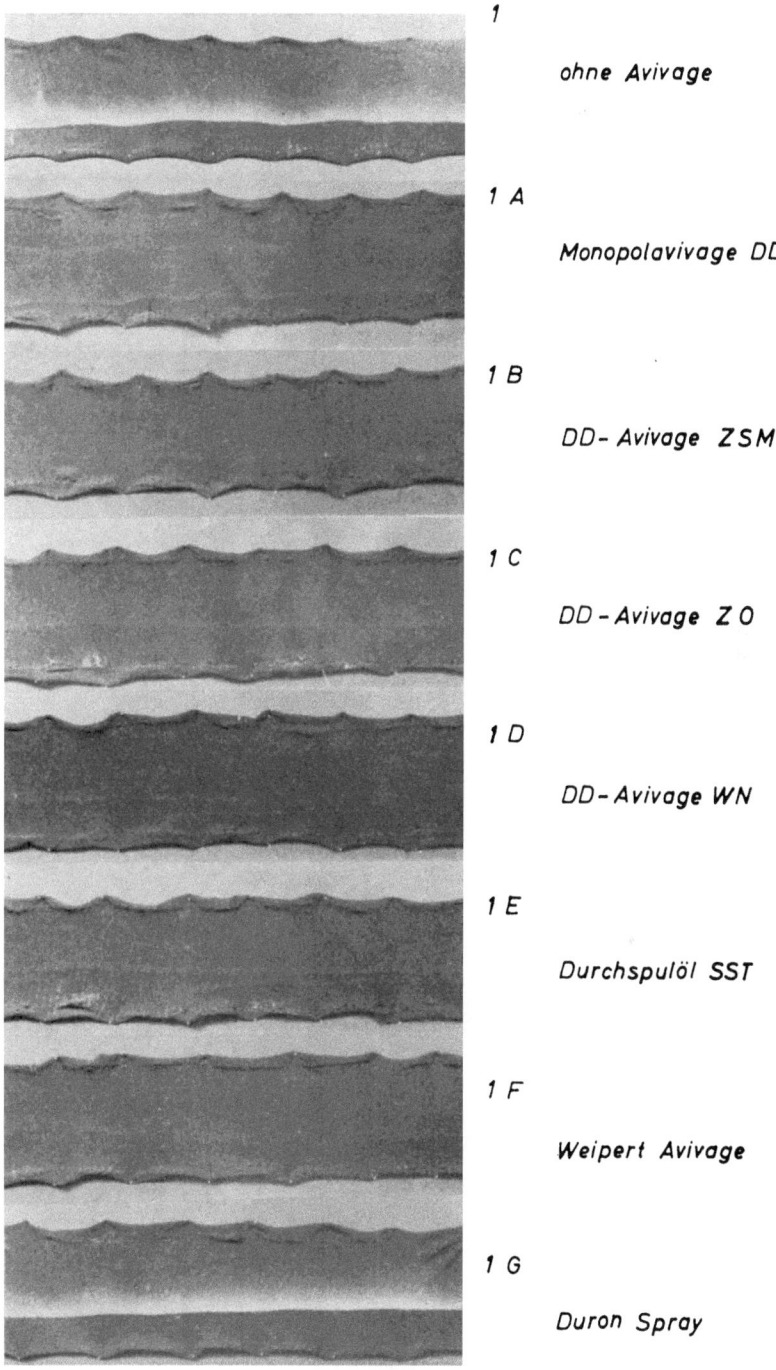

Abb. 12 Staubentwicklung beim Doppeldrahtzwirnen
unter Verwendung verschiedener Avivagen
Polyester rohweiß 21 tex
Spindelgeschwindigkeit 7500 U/min

1   ohne Avivage
1 A Monopolavivage DD
1 B DD- Avivage ZSM
1 C DD - Avivage Z O
1 D DD- Avivage WN
1 E Durchspulöl SST
1 F Weipert Avivage
1 G Duron Spray

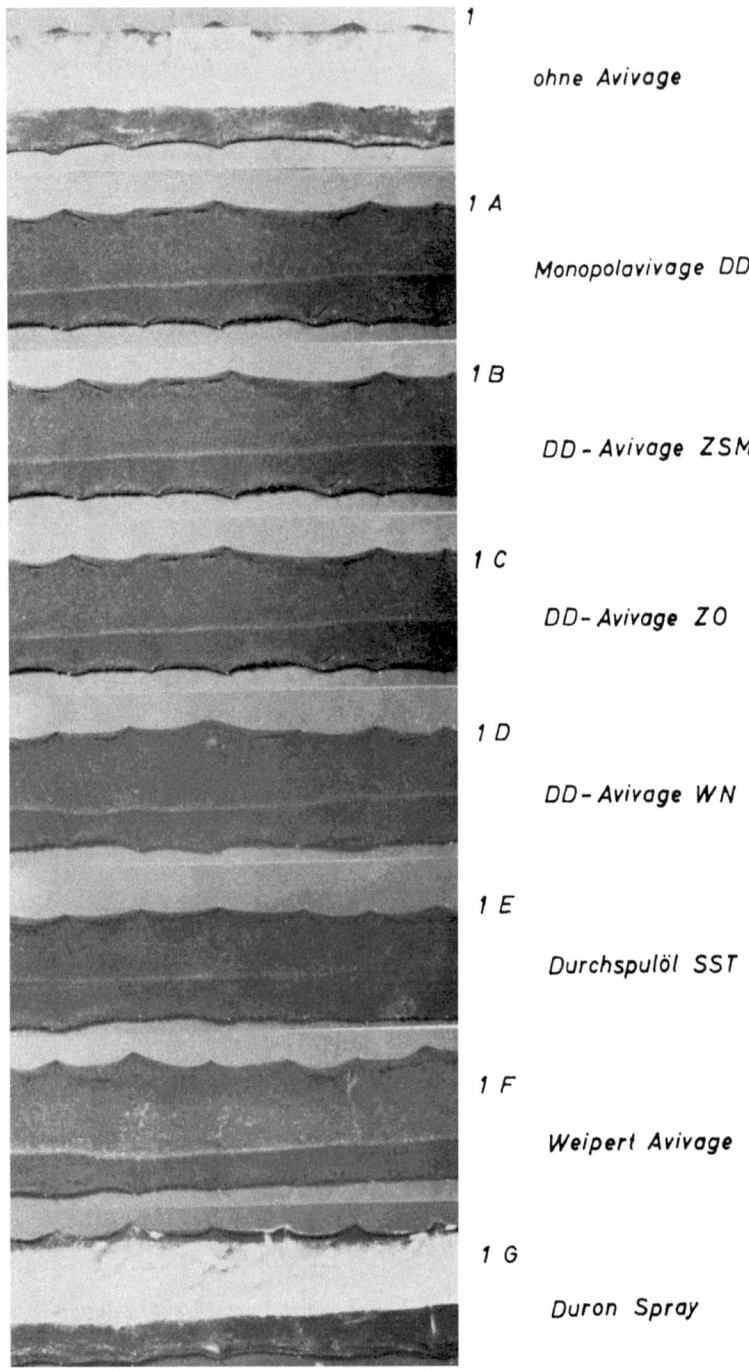

Abb. 13 Staubentwicklung beim Doppeldrahtzwirnen
unter Verwendung verschiedener Avivagen
Polyester rohweiß 21 tex
Spindelgeschwindigkeit 9000 U/min

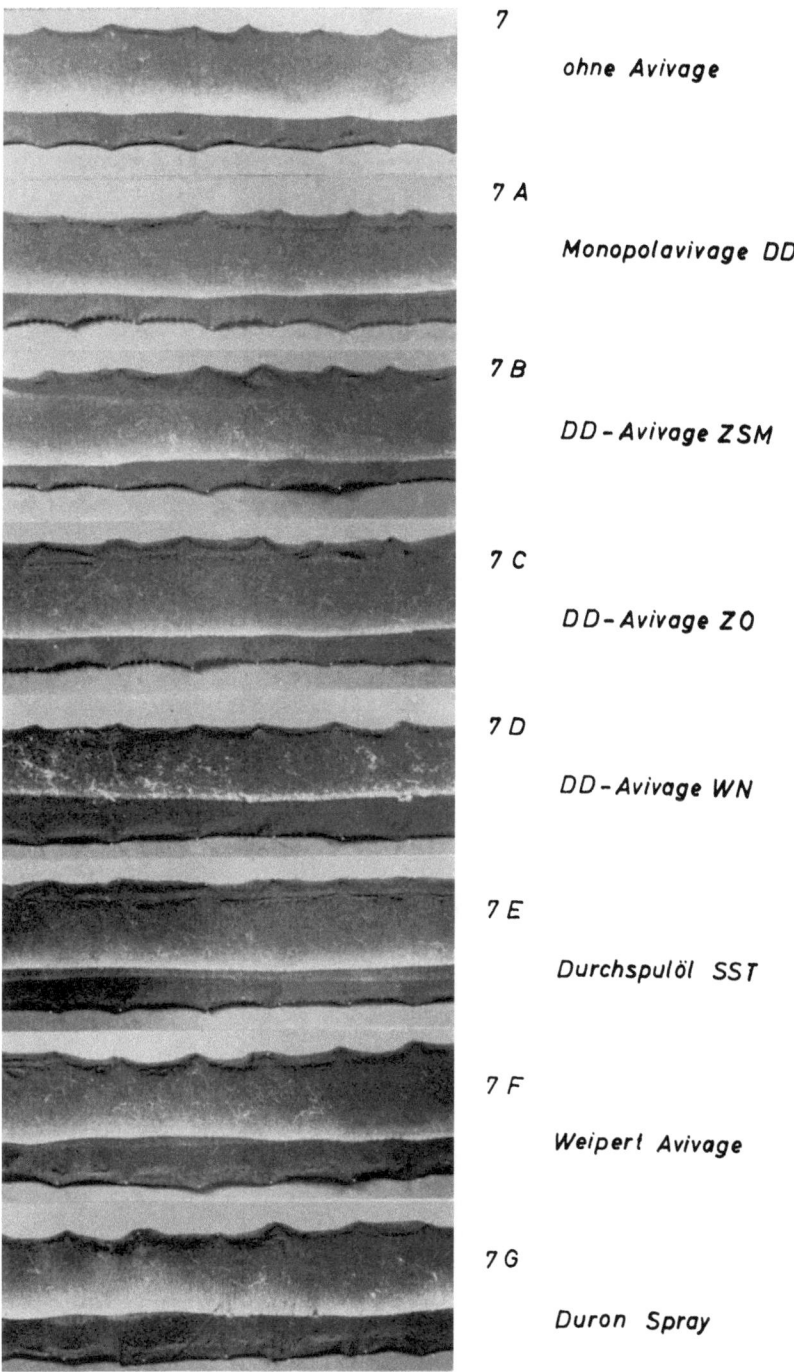

Abb. 14 Staubentwicklung beim Doppeldrahtzwirnen
unter Verwendung verschiedener Avivagen
55 Polyester/45 Wolle rohweiß
Spindelgeschwindigkeit 7500 U/min

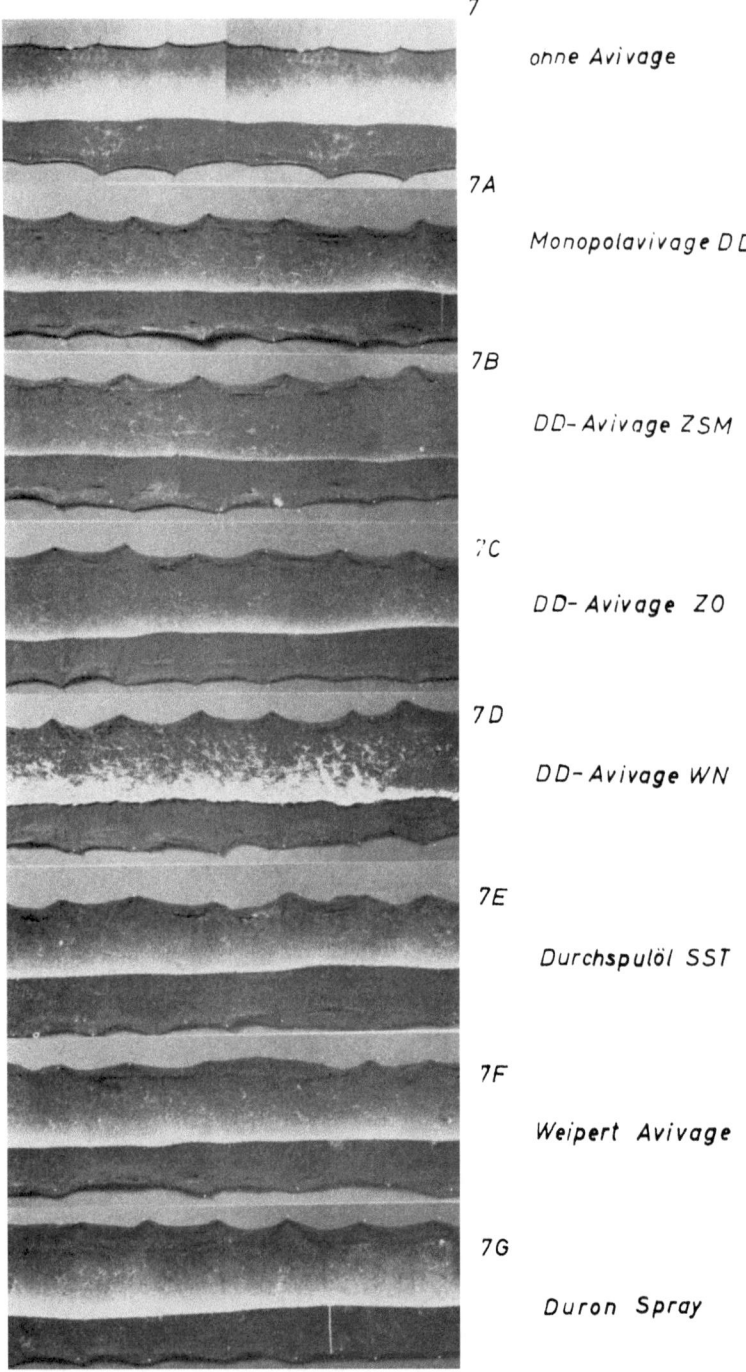

Abb. 15 Staubentwicklung beim Doppeldrahtzwirnen
unter Verwendung verschiedener Avivagen
55 Polyester/45 Wolle rohweiß
Spindelgeschwindigkeit 9000 U/min

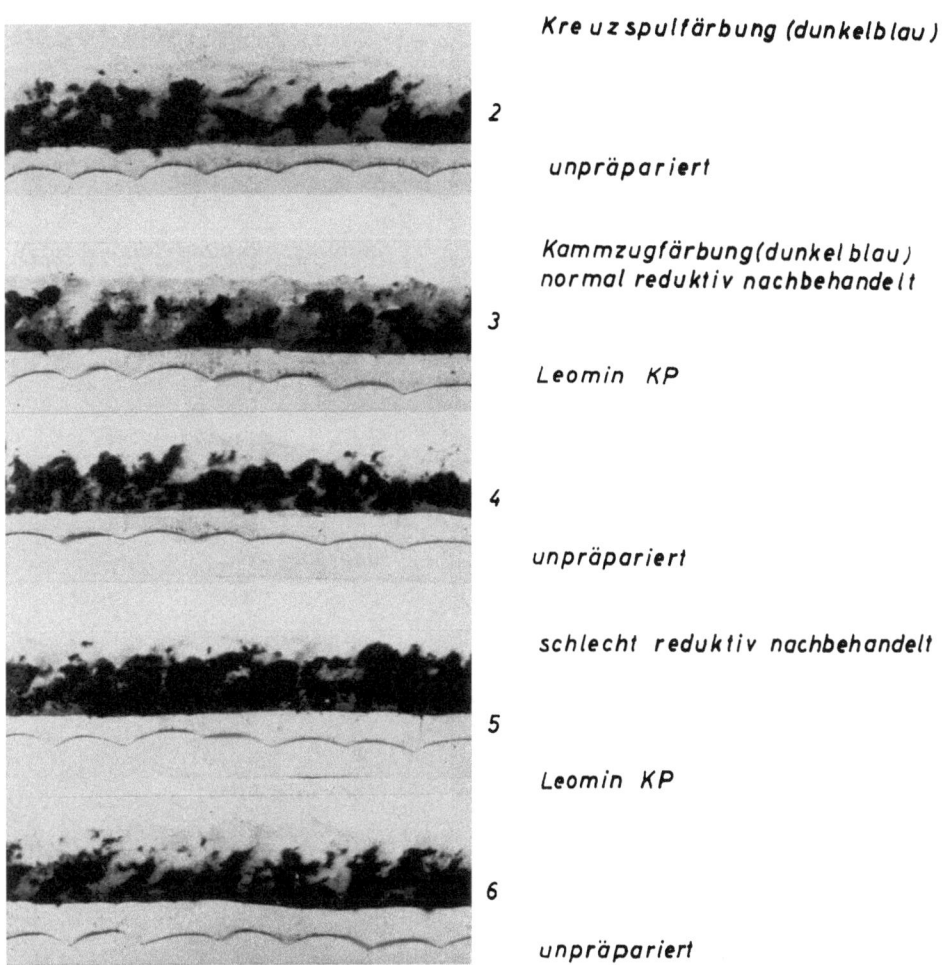

Abb. 16 Staubentwicklung beim Doppeldrahtzwirnen verschieden gefärbter Garne
Polyester 21 tex
Filtertuch weiß
Spindelgeschwindigkeit 7500 U/min

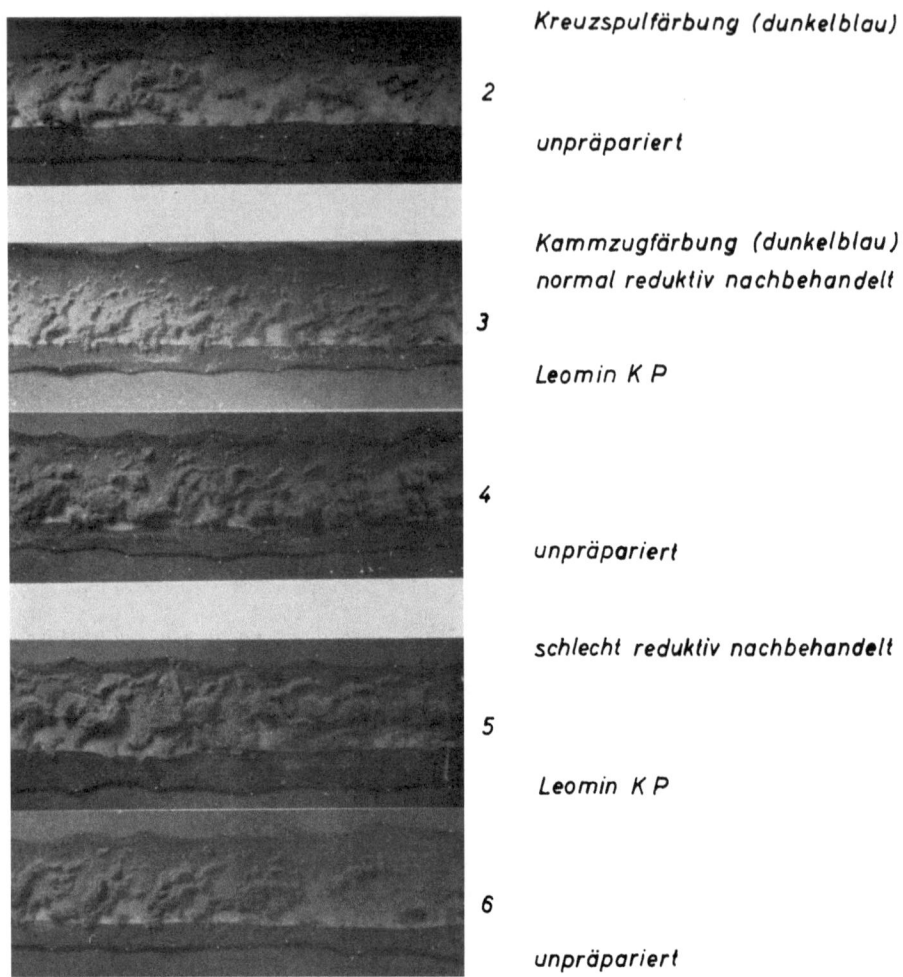

Abb. 17 Staubentwicklung beim Doppeldrahtzwirnen verschieden gefärbter Garne
Polyester 21 tex
Filtertuch schwarz
Spindelgeschwindigkeit 7500 U/min

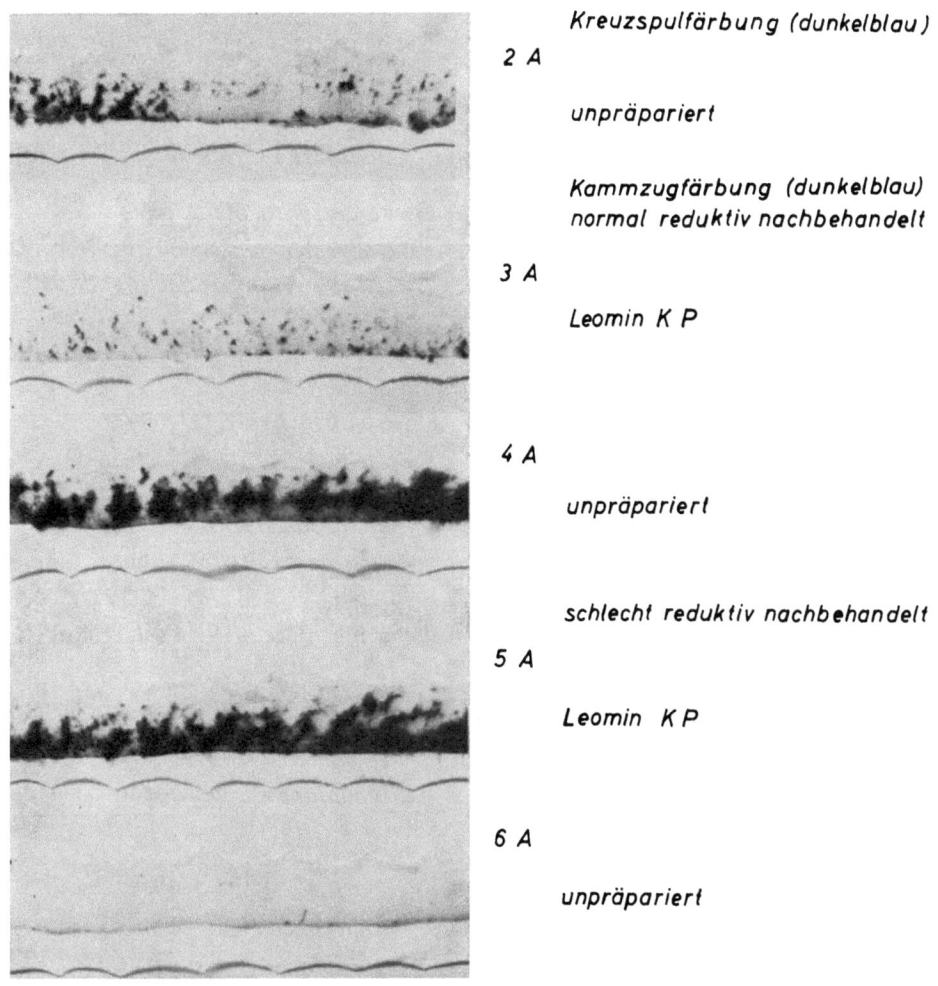

Abb. 18 Staubentwicklung beim Doppeldrahtzwirnen verschieden gefärbter Garne
mit zusätzlicher Avivage
Polyester 21 tex nachaviviert mit Monopolavivage DD
Spindelgeschwindigkeit 7500 U/min
Filtertuch weiß

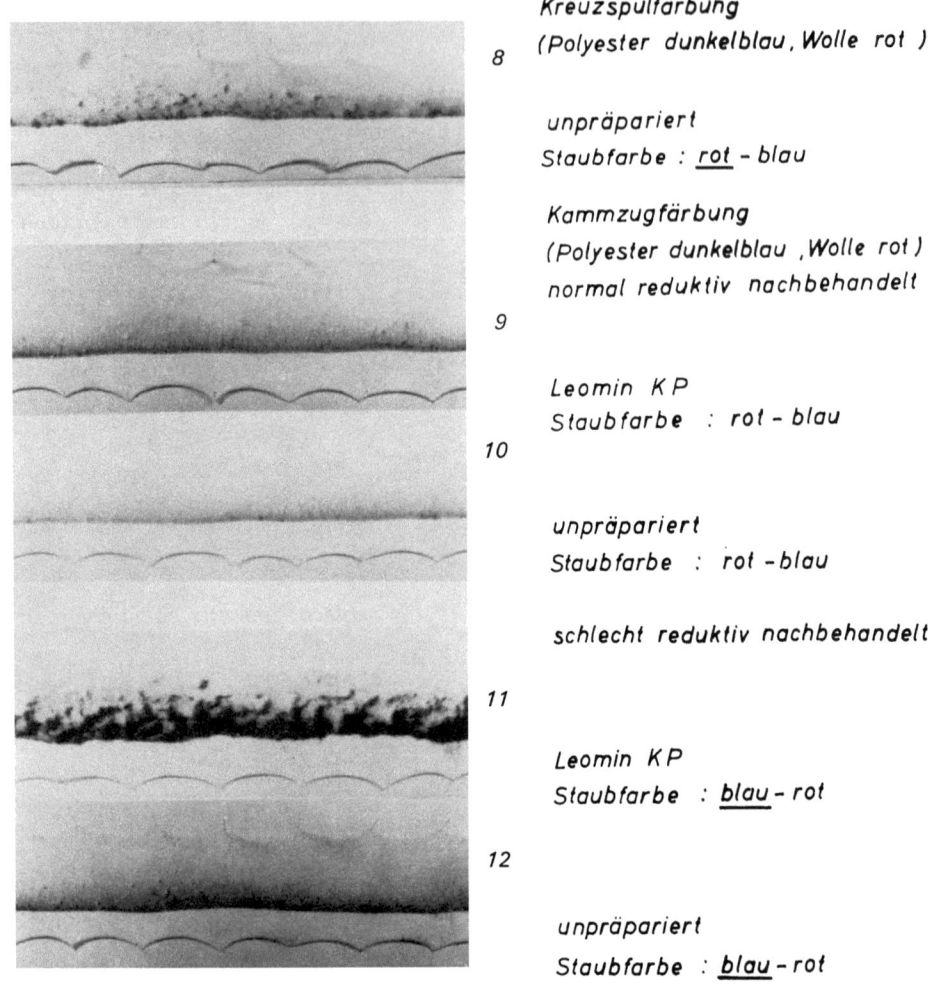

Abb. 19 Staubentwicklung beim Doppeldrahtzwirnen verschieden gefärbter Garne
55 Polyester/45 Wolle 21 tex
Filtertuch weiß
Spindelgeschwindigkeit 7500 U/min

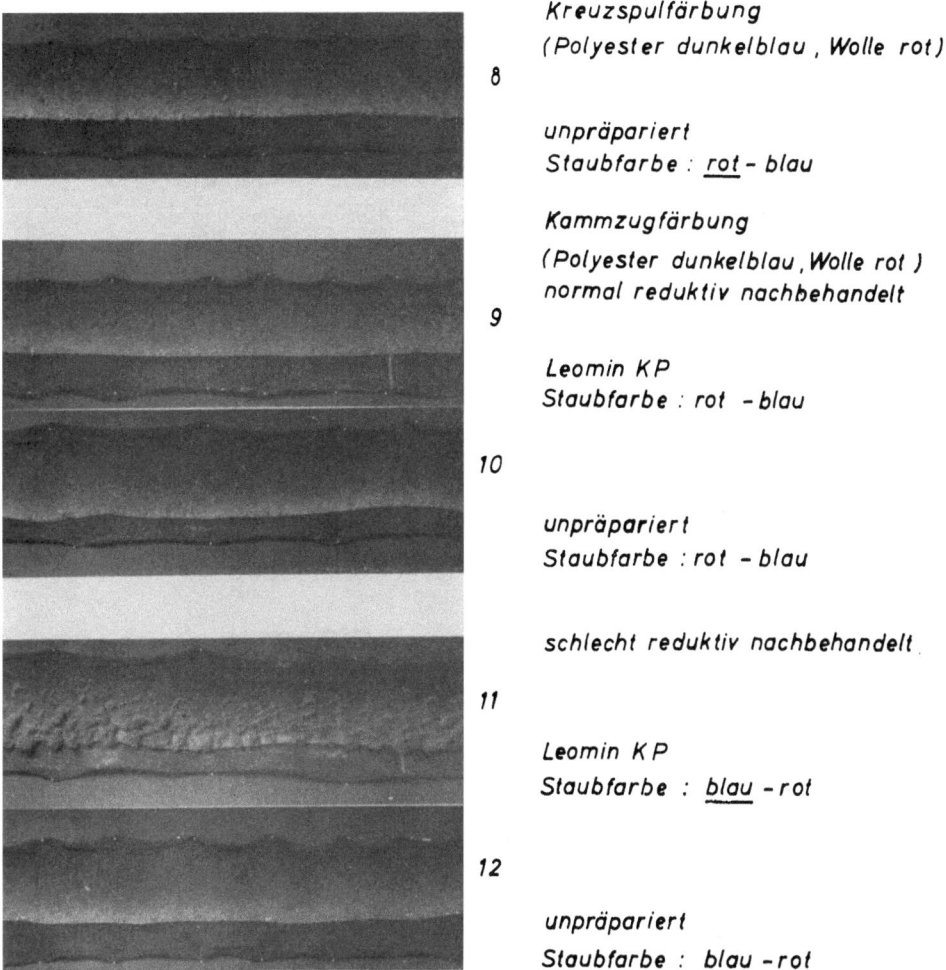

Abb. 20 Staubentwicklung beim Doppeldrahtzwirnen verschieden gefärbter Garne
55 Polyester/45 Wolle 21 tex
Filtertuch schwarz
Spindelgeschwindigkeit 7500 U/min

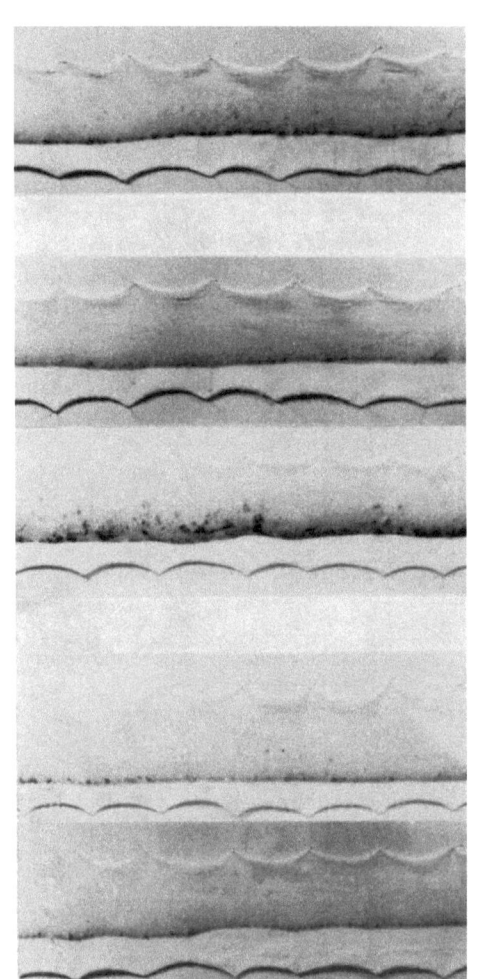

Abb. 21 Staubentwicklung beim Doppeldrahtzwirnen verschieden gefärbter Garne
mit zusätzlicher Avivage
55 Polyester/45 Wolle 21 tex
Filtertuch weiß
Spindelgeschwindigkeit 7500 U/min

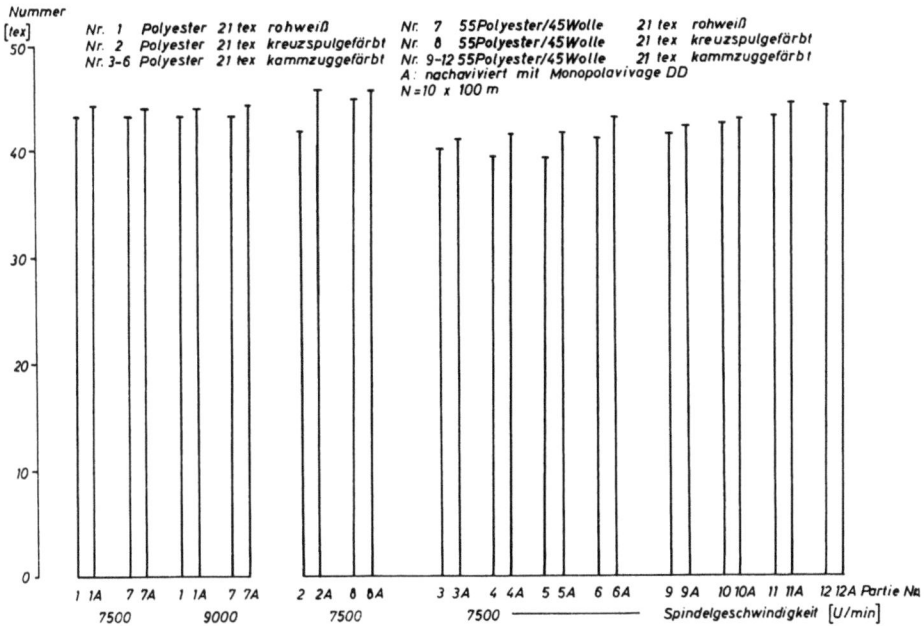

Abb. 22 Einfluß der Avivierung der Gespinste auf die Zwirnnummer

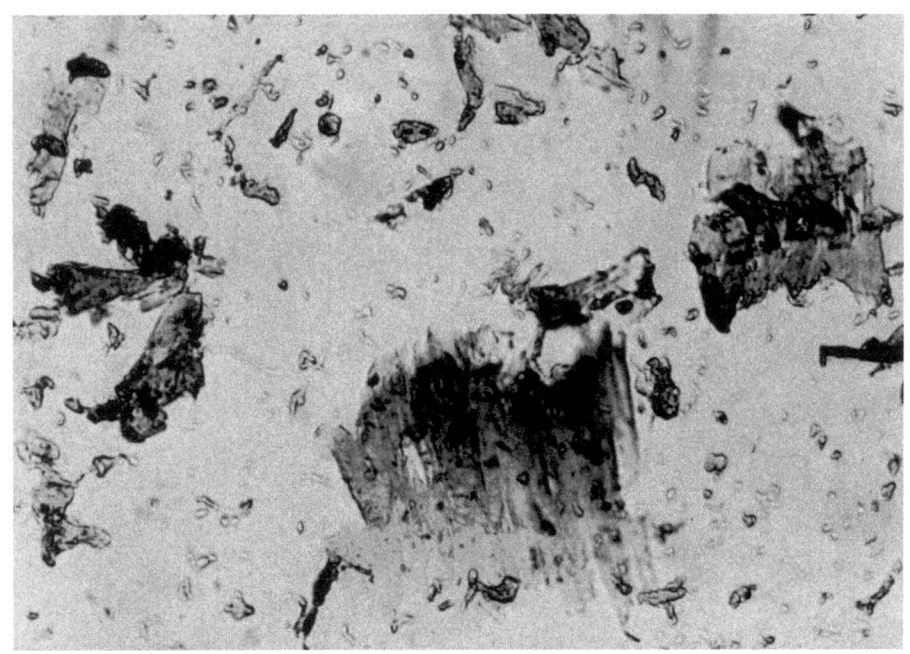

Abb. 23 Mikroaufnahme einer Doppeldraht-Staubprobe
        Material: Polyester
        Partie Nr. 5 (kammzuggefärbt)
        Vergrößerung ca. 380:1

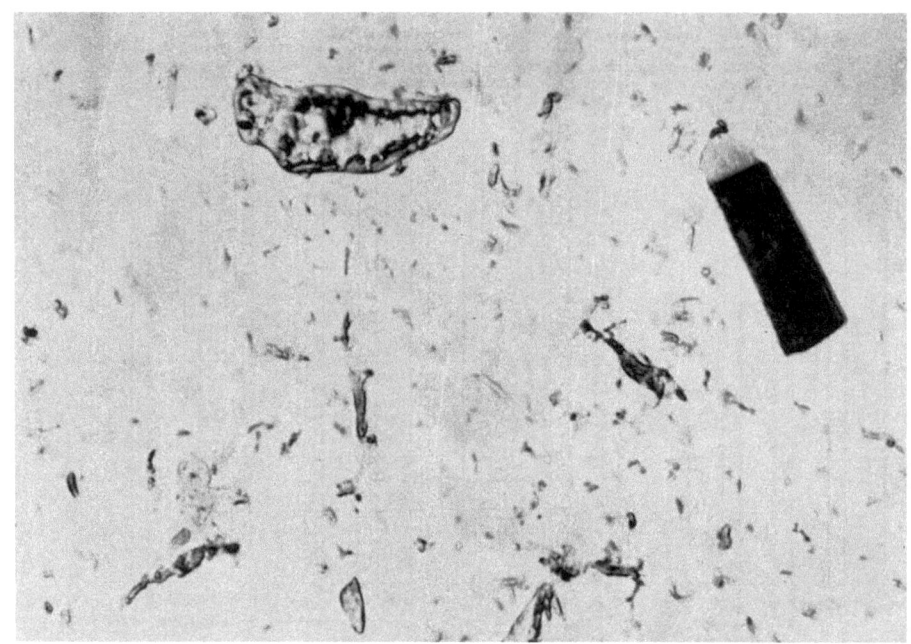

Abb. 24 Mikroaufnahme einer Doppeldraht-Staubprobe
        Material: Polyester/Wolle
        Partie Nr. 9 (rohweiß)
        Vergrößerung ca. 380:1

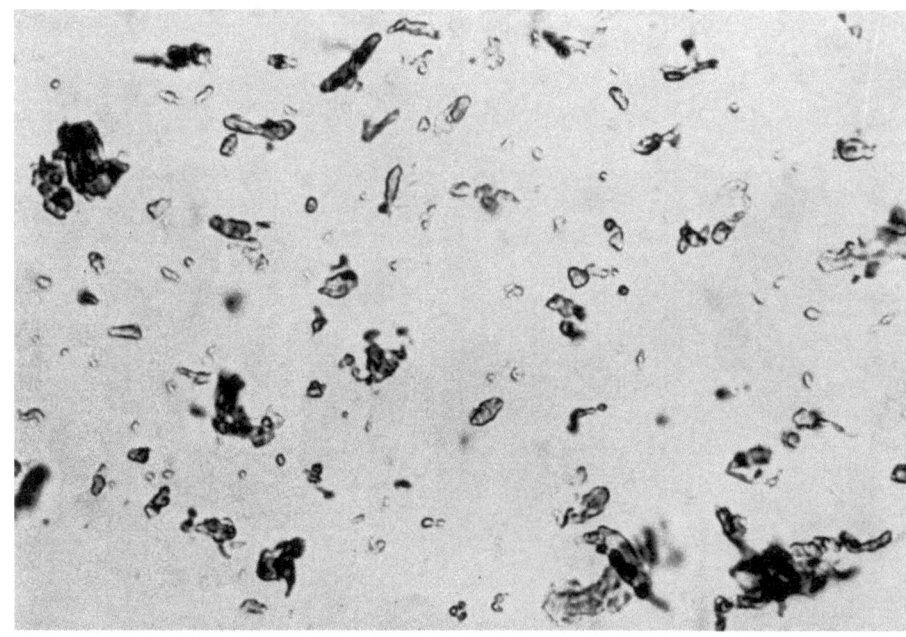

Abb. 25 Mikroaufnahme einer Doppeldraht-Staubprobe
        Material: Polyester
        Partie Nr. 5 (kammzuggefärbt)
        Vergrößerung ca. 700:1

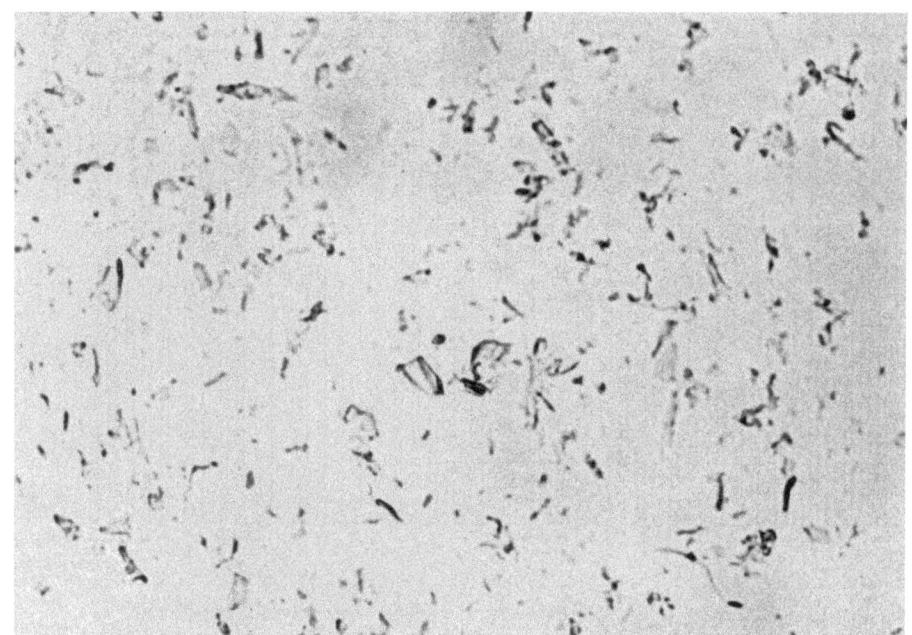

Abb. 26 Mikroaufnahme einer Doppeldraht-Staubprobe
Material: Polyester/Wolle
Partie Nr. 9 (kammzuggefärbt)
Vergrößerung ca. 700:1

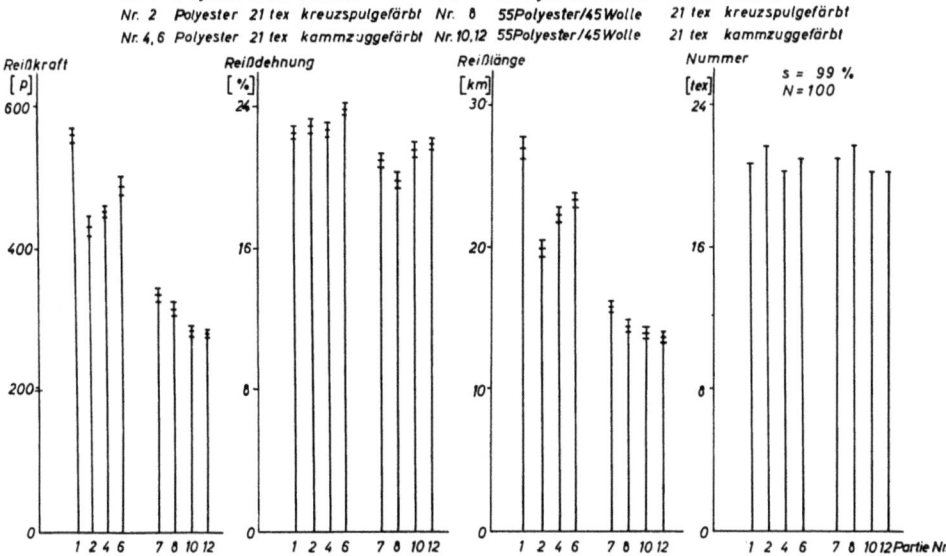

Abb. 27 Einfluß der Färbung auf die Kraft–Dehnungs-Eigenschaften der Gespinste

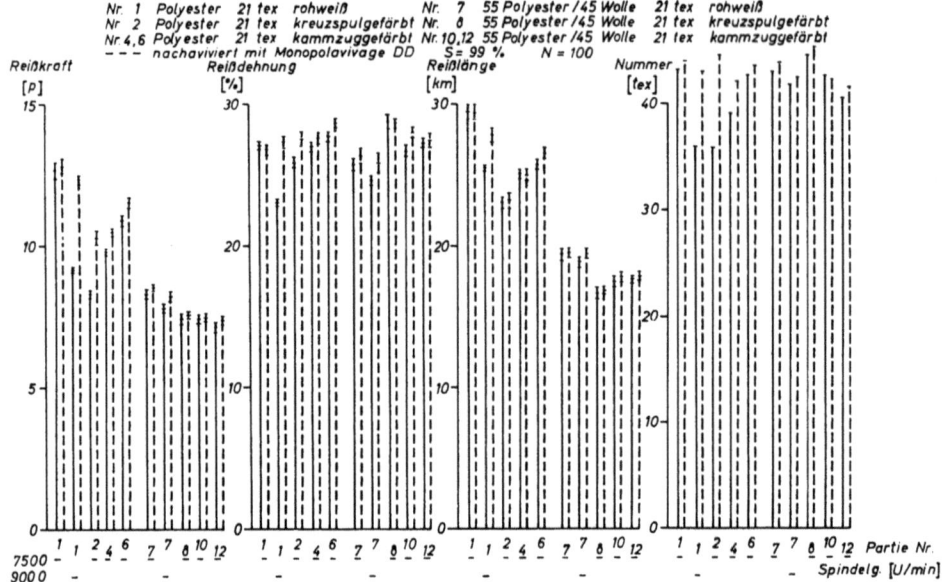

Abb. 28 Einfluß der Färbung, der Avivierung und der Spindelgeschwindigkeit auf die Kraft–Dehnungs-Eigenschaften von Doppeldrahtzwirnen

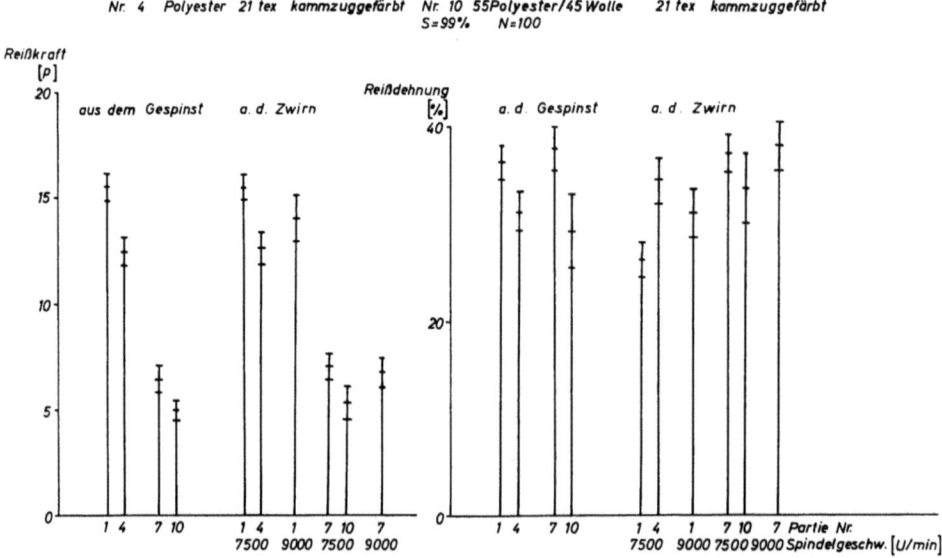

Abb. 29 Kraft–Dehnungs-Eigenschaften von Fasern aus Gespinsten und Doppeldrahtzwirnen

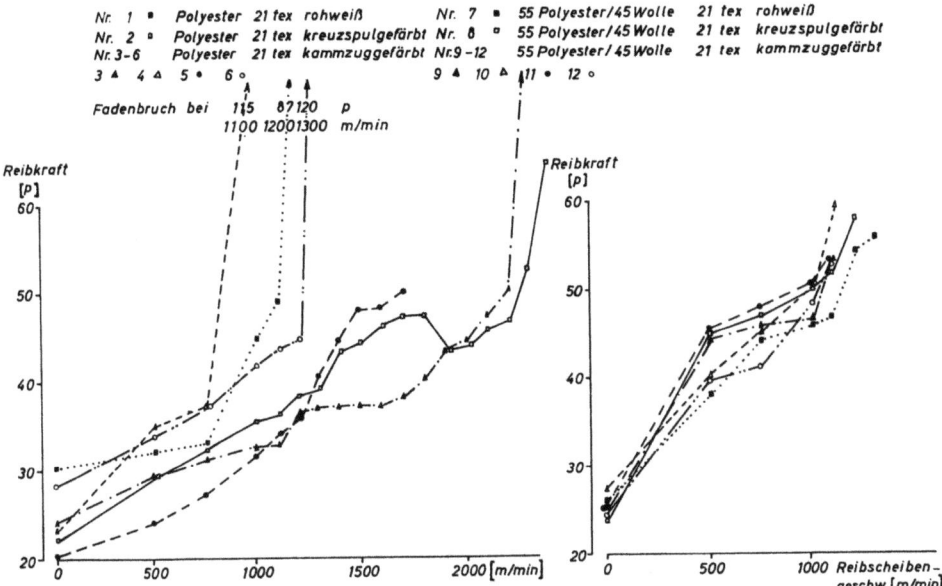

Abb. 30 Reibeigenschaften verschiedener Garne
in Abhängigkeit von der Reibgeschwindigkeit (links Polyester, rechts Polyester/Wolle

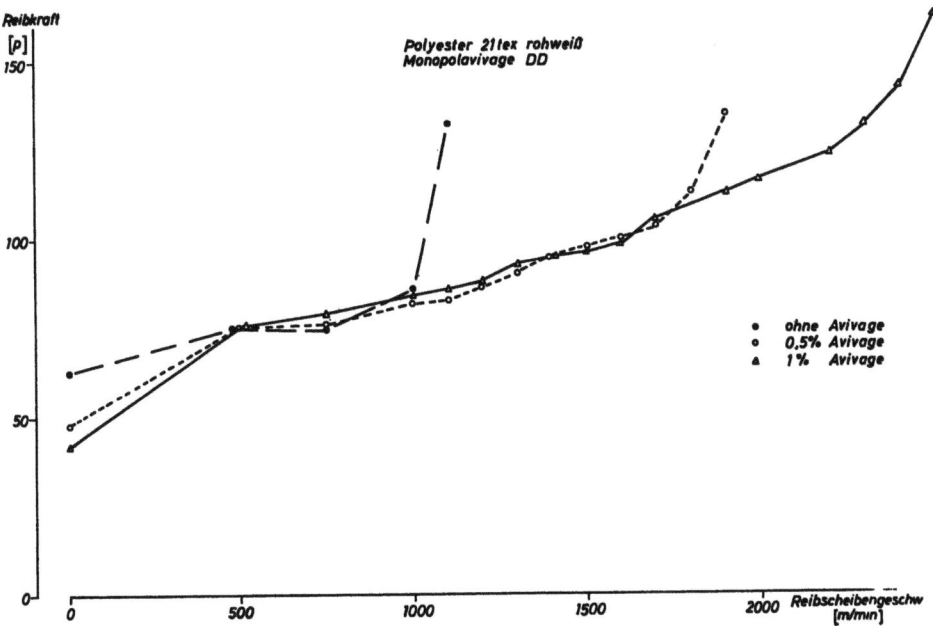

Abb. 31 Einfluß der Avivage auf die Reibeigenschaften eines Garnes

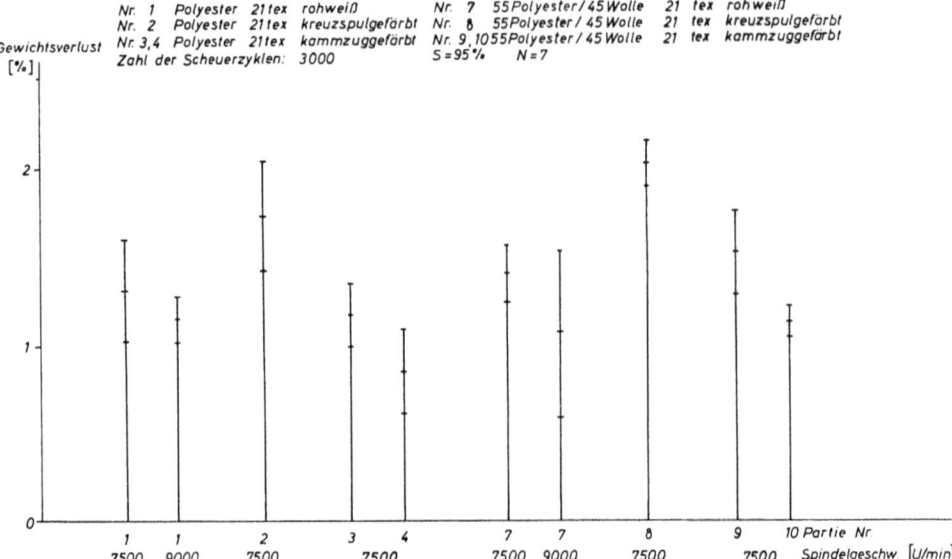

Abb. 32   Gewichtsverluste von Gestricken aus Doppeldrahtzwirnen bei der Scheuerprüfung

Tab. 1

Partie Nr.	Material	Farbe	Färbung	Nachbehandlung	Avivage
1	Polyester 3,2 M 75 Sgl	rohweiß	–	–	–
2	Polyester 3,2 M 75 Sgl	dunkelblau	Kreuzspul	normal reduktiv	–
3	Polyester 3,2 M 75 Sgl	dunkelblau	Kammzug	normal reduktiv	Leomin KP
4	Polyester 3,2 M 75 Sgl	dunkelblau	Kammzug	normal reduktiv	–
5	Polyester 3,2 M 75 Sgl	dunkelblau	Kammzug	schlecht reduktiv	Leomin KP
6	Polyester 3,2 M 75 Sgl	dunkelblau	Kammzug	schlecht reduktiv	–
7	55 Polyester/45 Wolle (3,2 M 75 Sgl/Austral 20,5 μ)	rohweiß	–	–	geschmälzt
8	55 Polyester/45 Wolle (3,2 M 75 Sgl/Austral 20,5 μ)	P. dunkelblau; W. rot	Kammzug	normal reduktiv	Leomin KP
9	55 Polyester/45 Wolle (3,2 M 75 Sgl/Austral 20,5 μ)	P. dunkelblau; W. rot	Kammzug	normal reduktiv	–
10	55 Polyester/45 Wolle (3,2 M 75 Sgl/Austral 20,5 μ)	P. dunkelblau; W. rot	Kammzug	normal reduktiv	Leomin KP
11	55 Polyester/45 Wolle (3,2 M 75 Sgl/Austral 20,5 μ)	P. dunkelblau; W. rot	Kammzug	schlecht reduktiv	Leomin KP
12	55 Polyester/45 Wolle (3,2 M 75 Sgl/Austral 20,5 μ)	P. dunkelblau; W. rot	Kammzug	schlecht reduktiv	–

Tab. 2

Partie Nr.	Material	Färbung	CH_3OH Präparation (%)	Auftrennung CH_2Cl_2 Oligomere u. Farbstoffe (%)	Polyester (%)	NaOH Wolle (%)
1	Polyester (nspi 9 000)	rohweiß	0,8	1,8	97,4	–
2	Polyester (nspi 7 500)	Kreuzspul	1,2	1,7	97,1	–
3	Polyester (nspi 7 500)	Kammzug*	1,0	2,5	96,5	–
4	Polyester (nspi 7 500)	Kammzug**	1,0	1,2	97,8	–
5	55 Polyester/45 Wolle (nspi 9 000)	rohweiß	nicht gemacht	–	42	58
7	55 Polyester/45 Wolle (nspi 7 500)	Kreuzspul	nicht gemacht	–	22	78
9	55 Polyester/45 Wolle (nspi 7 500)	Kammzug*	2,0	1,0	90	7
11	55 Polyester/45 Wolle (nspi 7 500)	Kammzug**	nicht gemacht	–	91	9

* Normal reduktiv nachbehandelt.
** Schlecht reduktiv nachbehandelt.

Forschungsberichte des Landes Nordrhein-Westfalen

Herausgegeben im Auftrage des Ministerpräsidenten Heinz Kühn
von Staatssekretär Professor Dr. h. c. Dr. E. h. Leo Brandt

Sachgruppenverzeichnis

Acetylen · Schweißtechnik
Acetylene · Welding gracitice
Acétylène · Technique du soudage
Acetileno · Técnica de la soldadura
Ацетилен и техника сварки

Arbeitswissenschaft
Labor science
Science du travail
Trabajo científico
Вопросы трудового процесса

Bau · Steine · Erden
Constructure · Construction material ·
Soil research
Construction · Matériaux de construction ·
Recherche souterraine
La construcción · Materiales de construcción ·
Reconocimiento del suelo
Строительство и строительные материалы

Bergbau
Mining
Exploitation des mines
Minería
Горное дело

Biologie
Biology
Biologie
Biologia
Биология

Chemie
Chemistry
Chimie
Quimica
Химия

Druck · Farbe · Papier · Photographie
Printing · Color · Paper · Photography
Imprimerie · Couleur · Papier · Photographie
Artes gráficas · Color · Papel · Fotografía
Типография · Краски · Бумага · Фотография

Eisenverarbeitende Industrie
Metal working industry
Industrie du fer
Industria del hierro
Металлообрабатывающая промышленность

Elektrotechnik · Optik
Electrotechnology · Optics
Electrotechnique · Optique
Electrotécnica · Optica
Электротехника и оптика

Energiewirtschaft
Power economy
Energie
Energía
Энергетическое хозяйство

Fahrzeugbau · Gasmotoren
Vehicle construction · Engines
Construction de véhicules · Moteurs
Construcción de vehículos · Motores
Производство транспортных · Средств

Fertigung
Fabrication
Fabrication
Fabricación
Производство

Funktechnik · Astronomie
Radio engineering · Astronomy
Radiotechnique Astronomie
Radiotécnica · Astronomía
Радиотехника и астрономия

Gaswirtschaft
Gas economy
Gaz
Gas
Газовое хозяйство

Holzbearbeitung
Wood working
Travail du bois
Trabajo de la madera
Деревообработка

Hüttenwesen · Werkstoffkunde
Metallurgy · Materials research
Métallurgie · Materiaux
Metalurgia · Materiales
Металлургия и материаловедение

Kunststoffe
Plastics
Plastiques
Plásticos
Пластмассы

Luftfahrt · Flugwissenschaft
Aeronautics · Aviation
Aéronautique · Aviation
Aeronáutica · Aviación
Авиация

Luftreinhaltung
Air-cleaning
Purification de l'air
Purificación del aire
Очищение воздуха

Maschinenbau
Machinery
Construction mécanique
Construcción de máquinas
Машиностроительство

Mathematik
Mathematics
Mathématiques
Mathemáticas
Математика

Medizin · Pharmakologie
Medicine · Pharmacology
Médecine · Pharmacologie
Medicina · Farmacología
Медицина и фармакология

NE-Metalle
Non-ferrous metal
Metal non ferreux
Metal no ferroso
Цветные металлы

Physik
Physics
Physique
Física
Физика

Rationalisierung
Rationalizing
Rationalisation
Racionalización
Рационализация

Schall · Ultraschall
Sound · Ultrasonics
Son · Ultra-son
Sonido · Ultrasónico
Звук и ультразвук

Schiffahrt
Navigation
Navigation
Navegación
Судоходство

Textilforschung
Textile research
Textiles
Textil
Вопросы текстильной промышленности

Turbinen
Turbines
Turbines
Turbinas
Турбины

Verkehr
Traffic
Trafic
Tráfico
Транспорт

Wirtschaftswissenschaften
Political economy
Economie politique
Ciencias económicas
Экономические науки

Einzelverzeichnis der Sachgruppen bitte anfordern

Westdeutscher Verlag · Köln und Opladen
567 Opladen/Rhld., Ophovener Straße 1–3, Postfach 1620

MIX
Papier aus verantwortungsvollen Quellen
Paper from responsible sources
FSC® C105338

If you have any concerns about our products,
you can contact us on
ProductSafety@springernature.com

In case Publisher is established outside the EU,
the EU authorized representative is:
**Springer Nature Customer Service Center GmbH
Europaplatz 3, 69115 Heidelberg, Germany**

Printed by Libri Plureos GmbH
in Hamburg, Germany